家庭叢書

陶母烹飪法

陶小桃編著

商務印書館發行

陶母烹飪法

家庭叢書

陶母烹飪法

陶小桃編著

商務印書館發行

序

一個人從生到死，沒有一天不吃東西，牠對於我們眞是重要極了。所以我們必須注意牠，把牠烹調得清潔，合乎衛生。並且大家應當更進一步的得到烹調的技術。這種技術是個個活着的人都應該學會的，否則一定要遇着許多的不方便。我感受了不會烹調的痛苦，纔發憤向年老的祖母求教烹調食物的方法。我很知道，一般初學烹飪的人極想得到相當的門路，要不然祇好在黑暗裏瞎摸，由生、焦、硬、爛的飯裏，得着燒飯的秘訣……這樣雖然漸漸的能得着方法，可是要知道，這是必定要經過長時間的實習，和很大的損失纔能得到的。為了要使一般初學烹飪的人減少許多困難和損失，我把平常實地得到的經驗寫成了食譜，所選的菜是一般人常吃的，並且在烹飪法裏對於每一種原料的分量，多註明了。大家都可以照法調製，減少許多的困難。除烹飪法外，有幾章講到烹飪的工具、材料和使用法，食物的久藏法，好壞的鑑別法等，都是每個初學的人必須知道的。還有幾章談到食物的滋養，飲食的衞生的問題，可以幫助一般的人了解飲食的功用和關係，更希望大家都把牠應用到日常生活上去，使身體強健。

陶小桃

一九三五年十二月六日

目錄

陶母烹飪法

第一篇　飲食的衛生

第一章　食物的滋養

人的身體好比是一架又精密又奇妙的機器。機器要用煤來推動，煤就成了牠的原動力。人的身體不用煤，牠用食物這些東西來做原動力。一架靠煤的機器，煤用完了，我們知道牠不久就要停工。人的身體也是一樣，沒有食物加進，各部份的器官也要停工的，所以我們天天要吃飯。為什麼身體須要食物呢？因為牠裏面含着幫助人活命的東西——滋養料。滋養料就是蛋白質、脂肪、碳水化合物、礦物質、水和最新發現的維他命。現在把牠們的功用分別說明：

脂肪能給我們工作的能力，發生體溫。身體肥胖就是脂肪多的緣故。

蛋白質的主要功用是滋補細胞，造內臟，生毛髮，補助生長。牠也可以用來燃燒生力，不過營養價不高。

碳水化合物是澱粉和砂糖的總名稱，牠能給人工作的能力和發生體溫。

人的身體需要的礦物質，最主要的是磷、鈣和鐵等。磷是細胞和骨頭的重要成份。鈣是骨頭和牙齒的原料。鐵是血液裏的紅血球的主要成份。

水對於人體雖然沒有營養的價值，可是非常重要。在人的身體裏佔了三分之二，不但各種滋養料要用牠來運送，就是身體裏的廢物，也非要用牠來搬運不可。

維他命(Vitamin)是近代纔發現的特種營養素，對於人的身體非常重要。據說已經發現了多種，可是有的還不能充分證明，所以祇把已經的確知道的幾種，簡短的說明一下：

維他命甲，是一種脂肪溶性的維他命，多溶在動物性的脂肪裏。牠能幫助人發育，促進人的健康。如果身體裏缺少了牠，就會生一種乾眼病和發育上的障礙。牠在新鮮的菜蔬、水果、蛋黃、肝和魚肝油裏，都含着很多。但是牠經過攝氏表一百度熱的烹調，是極容易失掉的。

維他命乙，是水溶性的維他命，對於發育上也有相當的關係，身體裏缺少了牠就會生一種脚氣病。牠在攝氏表一百度的熱下，還不變壞。肝臟、米糠、鷄蛋黃、水果和綠顏色的菜裏都含有很多。

維他命丙，也是一種水溶性的維他命，人體裏缺少了牠，就要生一種血液敗壞的病。牠受不起高熱，一熱就不見了。牠在橘子、檸檬和綠色的菜蔬裏都含得很多。

維他命丁，是脂肪溶性的維他命，常和維他命甲同時存在。缺少了牠就要得佝僂病，小孩子得了佝僂病，雖然已經好幾歲了，可是不能走路。太陽光裏的紫外光綫對於維他命丁有很大的關係，可以使我們身體裏的一種化學物質，變成維他命丁。所以常在太陽光底下過活的人，身體裏多不缺乏維他命丁。牠在魚肝油、綠色菜蔬裏都含得很多。

維他命戊，又叫做生殖性維他命，缺少了牠就不能生兒子。牠在動物身體裏的各個組織，植物油，蔬菜穀類的胚芽裏，都含有少量。

滋養料的用處我們已經大概知道了，但是各種菜裏含得多少，也是須要知道的，所以在這章的後面，附着三個表，一個是維他命的，一個是礦物質的，一個是其牠各種滋養料的。

平常每個男人每天需要2200至6000卡路里的熱力。每個女人需要2000至3000卡路里的熱力。卡路里是發熱量的單位。如果每天吃的脂肪和碳水化合物不能發出這樣多卡路里的熱，身體就非用蛋白質來補充不可，如果還不夠，那祇好用身體裏存積的脂肪了，於是這個人就漸漸的瘦弱。蛋白質是補細胞用的，用牠來發熱就不能滋補細胞，所以每天食物裏的脂肪和碳水化合物，應當發出充足的熱力纔對。

食物的滋養料含量表（錄自吳憲先生營養概論）

食物名稱	水	蛋白質	脂肪	碳水化合物	礦質	粗纖維	廢物	發熱量 每百公分（卡）	發熱量 每斤（卡）
水芹菜	九三·九	二·二	〇·三	二·〇	一·〇	〇·六		二〇	一二一
茴香菜	九二·九	二·三	〇·三	二·二	一·五	〇·六		二一	一二六
枸杞（頭）	八九·四	四·六	〇·二	二·九	一·一	一·六		三三	一九九

馬蘭頭	九三·二	二·〇	〇·三	二·六	一·二	〇·九		二〇	一一三
大葱	八六·〇	二·四	〇·一	一〇·四	〇·五	〇·六		五二	一九一
小葱	九二·〇	一·四	〇·三	四·六	〇·八	〇·九		二七	一五一
蒜頭	八七·四	一·三	〇·二	九·四	〇·七	一·〇		四五	一五二
白菜薹	九四·一	一·四	〇·三	二·四	一·〇	〇·八		一八	一〇二
紫菜薹	九五·八	一·三	〇·二	一·四	〇·七	〇·六		一三	七三
大白菜	九五·四	一·一	〇·一	二·五	〇·五	〇·四		一五	八四
洋白菜	九一·五	一·六	〇·三	四·五	一·〇	一·一		二七	一五二
小白菜	九五·一	一·四	〇·一	一·九	一·〇	〇·五		一四	七八
油菜	九四·三	一·四	〇·一	二·五	一·〇	〇·七		一七	九五
甘藍菜	九〇·五	二·七	〇·三	四·〇	一·三	一·二		三〇	一六八
大芥菜	九〇·九	二·二	〇	四·七	一·〇	一·二		二八	一五七
蕎菜	九五·三	一·三	〇·一	一·九	〇·八	〇·六		一四	七八
菠菜	九三·九	一·八	〇·二	一·八	一·八	〇·五		一六	九〇

萵苣	九七·四	〇·七	〇	〇·八	〇·八	〇·三		六	三四
芹菜	九四·六	一·八	〇·二	一·〇	一·八	〇·六		一三	七三
韮菜	九二·六	二·一	〇·四	三·三	〇·八	〇·八		二五	一四〇
空心菜	九三·一	一·八	〇·三	二·七	一·四	〇·八		二〇	一一二
莧菜	九二·二	二·〇	〇·二	三·一	一·七	〇·八		二二	一二三
菠兒菜	九三·六	二·四	〇·二	二·一	一·二	〇·六		二〇	一一二
蔓菁	九〇·五	一·四	〇·一	六·三	〇·八	〇·九		三二	一七九
黃花菜	八六·五	二·二	〇·四	八·九	〇·九	一·一		四八	二六九
薺兒菜	九六·〇	一·一	〇·一	一·四	〇·九	〇·五		一一	六二
蘿蔔纓	九二·〇	一·九	〇·二	三·六	一·三	一·〇		二四	一三四
香菜	八八·三	二·〇	〇·三	六·九	一·五	一·〇		三八	二一三
黃瓜	九五·四	〇·八	〇·二	二·四	〇·五	〇·七		一五	八四
西瓜	九八·〇	〇·四	〇	一·三	〇·二	〇·一		七	三九
絲瓜	九二·九	一·五	〇·一	四·五	〇·五	〇·五		二五	一四〇

解子	九五·三	〇·八	〇·一	二·八	〇·四	〇·六		一五	八四
菜瓜	九六·七	〇·七	〇	一·八	〇·三	〇·五		一〇	五六
南瓜	九七·八	〇·三	〇	一·三	〇·三	〇·三		六	三四
香瓜	九二·四	〇·四	〇·一	六·二	〇·五	〇·四		二七	一五一
冬瓜	九六·五	〇·四	〇	二·四	〇·三	〇·四		一一	六二
米(稻)(整)	一一·〇	八·五	〇·三	七九·一	〇·六	〇·五		三五三	一九七七
糯米	一三·四	六·五	〇·二	七九·四	一·一	〇·四		三四三	一九三三
小米(粟)	一〇·五	九·七	一·七	七六·六	一·四	〇·一		三六一	二〇三三
黃米(黍)	一〇·六	九·七	〇·九	七六·九	一·〇	〇·九		三三五	一九八八
薏子米	一五·八	一〇·五	〇·九	七〇·七	一·二	〇·九		三三三	一八六五
高粱(稷)	一五·六	九·七	四·一	七八·〇	一·一	一·五		三六八	二一七三
玉蜀黍(黃)	九·〇	八·六	四·四	七四·九	一·八	一·三		三七四	二〇九四
大麥	一一·九	一〇·五	二·二	六六·三	二·六	六·五		三二七	一八三一
蕎麥	一三·六	六·四	一·二	七七·五	〇·九	〇·四		三四六	一九六八

雀麥	九·七	一五·六	三·二	六六·七	一·七	三·一		三五八	二〇〇五
小麥(整)	一〇·五	一三·四	一·四	七〇·八	二·五	二·四		三四五	一九三二
白麪	一三·八	一〇·八	一·一	七四·六	〇·五	〇·二		三五二	一九七一
黑麪	一三·四	一三·〇	〇·八	七〇·四	一·五	一·九		三三七	一八八七
麪條	一三·二	八·一	〇·六	七六·三	一·四	〇·四		二六三	一四七三
掛麪	一三·六	一二·三	一·三	六九·三	四·一	〇·五		三三四	一八七〇
麪觔	七四·八	一三·四	〇·二	一·三	〇·七	〇·六		九七	五四三
黃豆	八·八	三九·二	一七·四	二五·四	五·〇	四·二		四一五	二三二四
烏豆	八·〇	五一·三	一六·六	一六·二	四·三	三·六		四一九	二三四六
青豆	六·四	三七·三	一八·三	二九·六	五·〇	三·四		四三二	二四一九
黃豆芽	八一·九	九·一	一·六	五·五	一·二	〇·八		七三	四〇九
豆腐	八六·二	八·四	三·〇	一·三	〇·九	〇·二		六六	三七〇
豆腐渣	八七·三	二·六	〇·三	七·三	〇·七	一·八		四二	二三五
豆腐乾	五三·五	二〇·九	九·五	六·八	八·九	〇·四		一九六	一〇九八

豆腐皮	五·七	五一·〇	二二·三	一七·六	四·五			四六五	二六〇四
豆腐腦	九四·四	三·三	一·三	〇·五	〇·六			二六	一四六
豆腐漿	九二·六	三·七	一·三	二·〇	〇·四	〇·一		三四	一九〇
油乾	六六·八	一七·〇	七·七	三·八	四·四	〇·三		一五三	八五七
千張豆腐	六四·六	二〇·三	七·四	四·二	三·四	〇·一		一六五	九二四
腐乳	五三·七	一七·六	八·八	四·六	一五·三			一六八	九四一
臭豆腐	六一·〇	一三·一	一〇·三	三·八	一一·三	〇·六		一五九	八九〇
毛豆	六四·七	一六·〇	六·一	八·七	二·〇	二·五		一五四	八六二
綠豆	一一·九	二三·一	〇·八	五八·八	三·三	三·一		三三一	一八五四
綠豆芽	九一·七	三·二	〇·一	三·九	〇·四	〇·七		二九	一六三
蠶豆(鮮)	八五·二	四·八	〇·二	六·九	〇·八	二·一		四九	二七四
白豇豆	一〇·三	二二·三	二·三	五八·五	三·四	四·三		三三九	一八九八
黑豇豆	九·二	二三·六	二·一	五八·四	三·五	四·二		三四三	一九二二
豌豆(鮮)	八三·三	五·六	〇·二	九·二	〇·七	一·〇		六一	三四二

陶母烹飪法

豇豆(鮮連莢)	九〇·〇	二·七	〇·二	四·八	〇·七	一·六		三三	一七九
架扁豆(鮮連莢)	九二·五	三·〇	〇·二	四·七	〇·六	一·〇		二九	一六三
紅蘿蔔	八七·一	一·二	〇·一	九·七	〇·八	一·二		四五	一三二
白蘿蔔	九二·二	〇·六	〇	五·六	〇·八	〇·八		二五	一四〇
冬筍	八九·二	三·七	〇·一	五·二	一·一	〇·七		三七	一〇七
胡蘿蔔	八八·二	一·一	〇·四	八·二	一·〇	一·二		四一	一三〇
茄子	九三·三	二·三	〇·一	三·一	〇·五	〇·八		二三	一二九
辣椒(乾)	五·〇	一五·五	八·五	六三·〇	八·〇			三九一	二一七〇
芋頭	七九·六	二·二	〇·一	一六·七	〇·八	〇·六		七七	四三一
紅薯	八一·六	一·三	〇·一	二六·二	〇·五	〇·三		七一	二九八
鮮牛乳	八七·〇	三·三	四·〇	五·〇	〇·七			六九	三八六
奶油	七四·〇	二·五	一八·五	四·五	〇·五			一九五	一〇九二
鷄蛋	七三·七	一三·四	一〇·五		一·〇			一四八	八二九
鴨蛋	八二·七	九·五	六·四	一·七	〇·七			一〇二	五七一

松花蛋	六七·三	一五·三	一三·五	二·二	二·七			一八三	一〇三五
龍蝦	七九·二	一六·四	一·八	〇·四	二·二			八三	四六五
蛤蚌(鮮)	八四·二	八·七	一·一	四·一	一·九			六一	三四二
蛤蜊(鮮)	九五·七	二·六	〇·三	〇·八	〇·六			一六	九〇
螃蟹(鮮)	七·一	八七·七	〇·三		四·九			三五四	一九八二
對蝦(鮮)	八六·四	一三·二	〇·四	〇·一	〇·九			五三	二九七
黃鱔魚	七一·一	一五·〇	一三·三		〇·七			一八〇	一〇〇九
青花魚	七三·四	一八·七	七·一		一·二			一三九	七七八
鮒魚	七〇·六	一八·八	九·五		一·三			一六一	九〇一
黃花魚	八一·二	一五·七	二·一	〇·一	一·〇			八二	四五九
鯽魚	八一·七	一五·九	一·三	〇·一	一·〇			七六	四二六
鴿子	六四·〇	二二·八	一一·〇		一·五			一九〇	一〇六四
鷄	七四·八	二一·五	二·五		一·一			一〇九	六一〇
鷄肫	七三·五	二四·七	一·四		一·四			一一一	六二二

鷄心	七三·〇	二〇·七	五·五		一·四			一三三	七三九
鷄肝	六九·三	二二·四	四·二	二·四	一·七			一三七	七六六
鷄什	七三·八	一八·七	六·一		一·三			一二〇	七二六
鴨	六一·一	一八·三	一九·〇		一·三			一四四	一三六七
鵝	四六·七	一六·三	三六·二		〇·八			三九一	二二八八
豬肉	五〇·七	一六·四	三二·〇		〇·九				
豬肝	七一·四	二一·三	四·五	一·四	一·四			一三一	七三三
豬肺	八三·三	一一·九	四·〇		〇·九			八四	四七一
豬血	七九·一	一八·九	〇·四	〇·一	一·〇			八〇	四六八
豬腎	七七·八	一五·五	四·八		一·二			一〇五	五六八
牛肉	七二·二五	二一·三九	六·一九		一·一七				七八〇
羊肉	六三·二	一八·七	一七·五		一·〇			一三三	一三〇〇
桃	八九·四	〇·七	〇·一	五·八	〇·四	三·六		二七	一五一
櫻桃	八〇·九	一·〇	〇·八	一六·五	〇·六	〇·二		七七	四三一

香蕉	七五·三	一·三	〇·六	二二·〇	〇·八	一·〇		九五	五三二
石榴	七六·八	一·五	一·六	一六·八	〇·六	二·七		八六	四九三
蜜橘	八六·五	〇·九	〇·一	一一·九	〇·四	〇·三		五二	二九一
蘋菓	八四·〇	〇·三	〇·一	一四·五	〇·三	一·〇		六〇	三三六
葡萄	八七·一	〇·三		一〇·八	〇·三	一·七		四四	二四六
梨	八九·二	〇·一	〇·一	九·一	〇·三	一·三		五八	三二三

食物中維他命含量表

食物種類	甲	乙	丙	丁
奶油	×××	××	±	*
牛奶	×××	××	±	*
鷄蛋	×××	××	±	×
魚肝油	×××	○	○	×××
肝	×××	××	×	*

菠菜	×××	×××	×××	士
小白菜	××	××	×××	×××
柚子	×	××	×××	*
檸檬	×	××	×××	○
桃子	×	××	××	*
橘子	*	*	×××	*
豬肉	士	×××	○	*
牛肉	×	××	士	士
魚肉	士	×	*	*
腎	××	××	*	*
蓄菜	××	××	×××	××
甘藍菜	××	•××	×××	××
豌豆(鮮)	××	××	×××	士
白米	○	○	○	士

白麵	○	士	○	士
玉黍	××	××	○	士
黃豆	×	×××	*	士
胡蔔	××	××	××	士
白薯	××	××	××	士

×少量維他命　××中量維他命　×××多量維他命　士極少量維他命　*未能確知含否

食物中鈣磷鐵之含量表（以每一百公分計算）

食物種類	鈣（公分）	磷（公分）	鐵（公分）
米（上等）	○・○一八	○・一三○	○・○○七六
米（下等）	○・○三一	○・三一○	○・○○八○
糯米	○・○一二	○・一一○	○・○○三二
小米	○・○二三	○・二七○	○・○○六二
玉蜀黍（整）	○・○二二	○・三一○	○・○○三四

白高粱米	〇·〇四〇	〇·三三〇	〇·〇一四〇
小麥（整）	〇·〇六七	〇·三八〇	〇·〇〇二一
麪觔	〇·〇七八	〇·二〇〇	?
白麪（上等）	〇·〇二〇	〇·〇九二	〇·〇〇一〇
白麪（下等）	〇·〇三九	〇·三六〇	〇·〇〇三七
大麥	〇·〇四三	〇·四〇〇	〇·〇〇四一
蕎麪	〇·〇一〇	〇·一八〇	〇·〇〇一二
黃豆	〇·二三五	〇·六七〇	〇·〇〇六七
綠豆	〇·〇六五	〇·三五〇	〇·〇〇三二
青豆	〇·二四〇	〇·五三〇	〇·〇〇五四
豌豆（乾）	〇·〇八四	〇·四〇〇	〇·〇〇五七
蠶豆（乾）	〇·〇七一	〇·三四〇	〇·〇〇七〇
豆漿	〇·〇二五	〇·〇四五	〇·〇〇二五
綠豆芽	〇·〇四二	〇·〇五四	〇·〇〇一〇

豆腐	〇・一九〇	〇・一〇〇	〇・〇〇二五
大葱	〇・〇一〇	〇・〇四七	〇・〇〇一〇
大白菜	〇・〇五一	〇・〇五三	〇・〇〇一〇
甘藍菜	〇・〇九三	〇・〇六六	〇・〇〇二九
油菜	〇・〇六八	〇・〇四四	〇・〇〇三八
菠菜	〇・〇九六	〇・〇四二	〇・〇〇三五
萵苣	〇・〇八二	〇・〇五二	〇・〇〇二二
莧菜	〇・一六〇	〇・〇五三	〇・〇〇四六
韭菜	〇・〇五八	〇・〇〇六	—
辣椒	〇・〇〇六	〇・〇二六	〇・〇〇〇四
白蘿蔔	〇・〇四五	〇・〇一八	〇・〇〇〇九
春筍	〇・〇〇七	〇・〇五九	〇・〇〇〇七
藕	〇・〇一九	〇・〇六七	〇・〇〇〇四
芋頭	〇・〇二四	〇・〇七五	〇・〇〇一五

芹菜	〇・〇五八	〇・〇三九	〇・〇〇〇八
白薯	〇・〇一九	〇・〇四五	〇・〇〇〇五
西瓜	〇・〇一一	〇・〇〇三	?
石榴	〇・〇一一	〇・一〇五	〇・〇〇〇四
李	〇・〇二〇	〇・〇三二	〇・〇〇〇五
香蕉	〇・〇〇九	〇・〇三一	〇・〇〇〇六
梨	〇・〇一五	〇・〇二六	〇・〇〇〇三
蘋菓	〇・〇一三	〇・〇二六	〇・〇〇〇三
肉（蛋白質）	〇・〇五八	一・〇七八	〇・〇一五〇
魚（蛋白質中）	〇・一〇九	一・一四八	〇・〇〇五五
蝦	〇・〇九六	?	?
血	〇・〇〇八	〇・〇三一	〇・〇五二六
牛乳（鮮）	〇・一二〇	〇・〇九三	〇・〇〇〇二

第二章　衛生的飲食

我們既然知道了食物的滋養，就必須把牠應用到日常生活上來。現在談談選擇食物的標準：

(一)每人每天吃的食物，發出的熱量必須足夠身體的消耗。（熱量的單位是卡路里）

(二)蛋白質也要充足。

(三)必須含有充分的維他命。(包括甲、乙、丙、丁、戊五種)

(四)必須含有充分的礦物質。(包括磷鈣和鐵等)

(五)必須含有適量的粗纖維。粗纖維雖然沒有營養的價值，可是牠能使我們腸子的動作活潑，使我們想吃飯。多吃肉，不吃蔬菜的人會幾天不便，就是因為肉裏含的粗纖維太少的緣故。

(六)價錢便宜，含的滋養分充足。

(七)滋味必須合各人的口味，不喜歡吃的食物不可以免強吃。

(八)容易消化，停在胃裏的時間短。

根據以上各條，並且參考食物的滋養料含量表，就會知道，肉、蛋、菜、豆子做的食物，果實、米、麥都是我們每天必須吃的。因爲肉裏含有充分的脂肪，蛋白質，礦物質和少量的維他命，缺少碳水化合物和粗纖維。蛋裏含有充分的脂肪、蛋白質、維他命和礦物質，缺少的是粗纖維和碳水化合物。菜裏含有充分的碳水化合物、維他命、礦物質和粗纖維，缺少蛋白質和脂肪。果實也和菜類差不多。豆子做的食物裏含有充分的蛋白質，碳水化合物和礦物質，可是脂肪、維他命和粗纖維極少。米裏含有充分的碳水化合物、蛋白質，缺少脂肪、維他命等。麥麵裏含有充分的碳水化合物、蛋白質、維他命乙，缺少脂肪等。現在我們知道，各種食物含的滋養料都不一樣，每一種都有牠所缺的，所以我們最好能夠多吃幾樣菜，這樣菜缺的養料，就被那樣菜補了起來。並且吃的菜，不要老是一樣的，要時常調換，我們身體的營養纔會好。要不然身體就要漸漸的瘦弱，這是因爲營養不好的緣故。關於食物的烹調也應該注意。因爲菜的滋味好，能使人要吃，胃裏的消化液纔能很好的分泌出來，使食物容易消化。如果食物烹調得不好，得不到吃的人的喜歡，吃下去就不容易消化，雖然含有大量的滋養料，可是不但沒有大用，並且對於身體是有害的。

根據上面的原則，寫出了食譜。烹飪的人可以每日選一套，照樣預備。這食譜不但是爲營養方面擬的，也可以做配合家常飯菜的參考。如果各位能夠照前面說過的道理，自己來配合和調換，那麼每天都能得到極滋養和好吃的食物，

第一套

(一)燒豆腐

(二)炒青菜

(三)飯

(四)香蕉或橘子

【理由】 飯裏含有充分的碳水化合物。燒豆腐裏含有很多的脂肪。飯和豆腐裏含的蛋白質很多。青菜和香蕉裏有多種的礦物質，和維他命甲、乙。

第二套

(一)炒豬肝

(二)炒菠菜

(三)燒豆腐

(四)雞蛋湯

(五)飯

【理由】　飯裏的碳水化合物，豬肝和豆腐裏的脂肪，可以給身體燃燒。豬肝、豆腐和雞蛋裏含有蛋白質。菠菜、雞蛋和豬肝裏有很多的礦物質，和豐富的維他命甲、乙、丙、丁。

第三套

(一)洋葱炒肉絲

(二)燒洋山芋

(三)青菜豆腐湯

(四)飯

【理由】洋山芋和飯裏都含有豐富的碳水化合物。青菜豆腐湯和洋葱炒肉絲裏含有很多的脂肪和蛋白質。洋葱、青菜和洋山芋裏含有多種礦物質和維他命。

第四套

(一)炒莧菜

(二)燒茄子

(三)陽春麵

【理由】陽春麵裏含有豐富的蛋白質，脂肪和碳水化合物。莧菜和茄子裏含有很多的礦物質和維他命。

第五套

(一)青菜肉絲炒麵

(二)洋山芋湯

【理由】肉絲炒麵和洋山芋湯裏有豐富的碳水化合物，脂肪和蛋白質。青菜和肉絲裏含有多種礦物質和維他命。

第六套

(一)豆腐果燒肉

(二)炒甘藍菜

(三)炒綠豆芽

(四)飯

【理由】 飯和豆腐果燒肉裏含有豐富的碳水化合物、脂肪和蛋白質。甘藍菜和綠芽裏有很多的礦物質和維他命甲、乙、丙三種。

第七套

(一)燒黃瓜

(二)燒黃魚

(三)炒豇豆

（四）冬瓜火腿湯

（五）飯

【理由】飯裏含有豐富的碳水化合物。冬瓜火腿湯和燒黃魚裏含有豐富的脂肪和蛋白質。燒黃魚、燒黃瓜和炒豇豆裏含有多種礦物質，又含有維他命。

第八套

（一）紅燒牛肉

（二）醃鱖魚

（三）燒肉片

（四）炒薺菜

（五）絲瓜湯

（六）飯

【理由】飯裏有豐富的碳水化合物。醃鱖魚、紅燒牛肉、燒肉片裏含有很多的脂肪和蛋白質。醃鰳魚、炒薺菜和絲瓜湯裏含礦物質。炒薺菜和絲瓜湯裏有維他命。

第九套

(一)肉包子
(二)炒菠菜
(三)稀飯或稀粥

【理由】　肉包子和稀飯裏含有豐富的碳水化合物。肉包子裏含有多量的脂肪和蛋白質。炒菠菜裏含有礦物質和維他命。

第十套

(一)炒甘藍菜
(二)豆瓣醃菜湯
(三)烙餅
(四)炒豬肝

【理由】 烙餅裏含有豐富的碳水化合物，牠和炒豬肝和豆瓣湯裏含有多量的蛋白質和脂肪。炒甘藍菜和炒豬肝裏含有多種礦物質和豐富的維他命。

第二章 吃飯時候的衞生

吃飯時候的衞生，是非常重要的，如果每個人都能遵守，那麼不知不覺的能夠免去許多的疾病，增進身體的康健。並且實行起來不必特別化錢，希望大家都能夠注意，養成這種好習慣。

（一）我們的手，非常不乾淨，上面常帶着各色各樣的微生物。如用這樣髒的手拿筷子和飯碗吃飯，微生物就會跑到我們的肚裏去。牠作起惡來，我們就非生病不可。所以在吃飯以前，要用肥皂洗手。並且還要喝一口水漱漱口，因爲我們常會用嘴呼吸，並且說話，就會有許多微小的髒東西停留在嘴裏。如果不漱口，牠就會隨着食物跑到我們的肚裏去，漸漸的能使消化器官發生毛病。

（二）我們對於飯菜最好不要分好壞，養成無論什麼飯菜都吃的習慣纔好。這樣我們可以從多種的食物裏，得我們身體必須的養料，不會有一樣缺乏。

（三）飯菜進了口，必定要細細的嚼碎了，纔能吞下去。這樣，食物到了胃腸裏，消化起來容易，可以減輕胃腸的工作。老年人和小孩子最應該注意到這一點。

(四)情感和飯菜的消化很有關係，所以味兒香，顏色美的食物，使人一見就想吃，吃下肚去消化起來容易些。反過來說，自己厭惡的食物不能免強吃，因爲非但不容易消化，而且有時能使人嘔吐。

(五)吃飯的時候應該把一切的心思丟開，快快活活的吃，食物的消化作用纔能順利的進行。如果我們在吃飯的時候腦子想心思，憂愁害怕和發怒，消化作用立刻就受了影響。如果長久這樣下去，消化不良和其牠的胃腸病就要得到了。有許多的人，在吃飯的時候看書和看報，也是很不好的。

(六)我們最好每頓飯祇吃得七八成飽，不能盡量的吃，因爲多吃了要得胃擴張的病。

(七)吃飯後，最好立刻用冷開水和牙刷來刷牙齒，把留在牙齒縫裏和附在牙齒上的飯菜都刷掉。這些飯菜屑如果不立刻刷去，在我們嘴裏的微生物會使牠醱酵，產生出酸類，漸漸的就把我們的牙齒腐蝕了。

（八）在吃飯的時候，不應該多喝水，因爲牠能把胃裏的胃液冲淡，防礙消化。

（九）吃飯後不可以立刻就做工和激烈的運動，最好能有半小時的休息，散散步，對於身體是很有益的。

第四章　吃米和吃麥

在我們中國，北方人的主要食物是麵，南方人的主要食物是飯。倒底是米食好呢？還是麥食好呢？這個問題是很不容易解決的。現在把米食和麥食比較一下：

把米和麥含的滋養料比較起來，麥裏含的蛋白質要比米含的多些，米裏含的炭水化合物比麥含得多些。不過麥裏含的炭水化合物也不少，於是好像麥食比米食適宜。可是照消化上說起來，麥食反比米食難消化些。

我們平常吃的米，是舂擣過的米。經過舂擣的手續，米粒的外層和一頭的胚芽都被舂掉了（這叫做糠）。結果損失掉很多的蛋白質，脂肪，和礦物質。至於很重要的乙種維他命，也一點都沒有了。很多講究吃上等白米飯的人，會生脚氣病，也是因爲缺少了乙種維他命的緣故。米不舂擣過是不好吃的，上等米被擣得太利害了，顏色好看，價錢貴，倒也不中吃。次等米，顏色不大白，這是因爲牠面上還有些糠皮沒有舂去的緣故。這種米正是一般人需要的，不但價錢便宜，而且滋養很好，含有相當的乙種維他命。

吃麵食過活的人，不大生脚氣病，就是因爲麥食裏含有很多的乙種維他命的緣故。在各種的麥食裏，要算用小麥麵粉做的食物最容易消化，蛋白質和碳水化合物都含得很多，所以是很好的食物。

我國北方人的身體比南方人強健得多，原因固然很多，可是主要的原因大概有兩點：（一）南方長江流域一帶的氣候，寄生蟲和微生物最容易繁殖。（二）南方人吃的是米食，牠裏面的蛋白質和鈣比麥食少得多，所以北方人的體格強健。

照這樣說起來，住在南方的人對於氣候雖然還無法可想，可是對於食物，是應該常吃麥食的，不要專吃米飯。

第二篇　每個烹飪的人應該有的知識

第一章　水的供給和清潔

水對於人類的關係大極了，沒有牠，人決不能活。在烹飪上，無論燒飯和炒菜，都少不了水。在大都市裏，吃用都有自來水。牠本是江湖裏的水，被自來水廠運送來的。在自來水廠裏，牠經過了過濾和消毒的手續，所以非常清潔，祇要燒沸了，就可以喝。

可是在鄉下和小城市裏，就沒有自來水，他們喝的和用的不是塘水就是井水。讓我們來考究一下。

塘水。塘水非常的溷濁，吃起來有怪氣味，而且常含有各種的對人有害的微生物和小動物，所以我們可以說牠很不清潔。

井水清潔不清潔要看井的構造和深淺。我們常見到的井，都是舊式的井，深度大約一丈至二丈，所以四週的髒水能由地裏滲到井裏去。那井裏的水看去雖然澄清，可是多含有對人有害的微生物，並且所含鹽類的份量很多，所以不能說牠是合衞生的水。新式的洋井就要好得多，挖得很深，井壁是用磚瓦或其牠的東西砌起來的。使四週的髒水不能滲入，所以取出的水完全是很深的地下水，比舊式的井水要清潔得多。

用新式的井取水吃雖然衞生，可是因爲開挖的費用很大和別的原因，所以各處通用的還是土井。

井水和塘水很不清潔，大家都知道啦，我們必得要想經濟的辦法來使牠清潔。經濟的清潔方法普通有兩種：

第一種就是用木棒把缸裏的井水或者塘水攪動，逐漸的放入相當的明礬，直攪到明礬完全溶化了纔罷。這時明礬變得像膠一樣，能帶着許多的泥土和有害的東西沉到水底，水就清潔了。這時再把沉底的髒東西和清潔的水分開，使水的清潔的工作就完成了。

第二種：就是拿一個大花盆，盆底的洞用絲瓜筋塞住，在盆底先放一層較細的砂，大約半寸厚。在細砂層上舖一層一寸厚的粗砂，再在粗砂上舖一層一寸厚的小石子，當不清潔的水倒進花盆，經過三層砂石，由盆底的孔漏出來，就成了清潔的水。不過砂石在用過幾次後，就必須淘洗一次，洗去砂石上的污物，要不然就失去了濾水的功用。

水雖然經過濾清的手續，看去非常清潔，可是裏面還常有使人生病的微生物存在。最安全的方法，就是把這水燒沸再喝，因爲微生物在高熱度下已經全被殺死了。

第二章　食物好壞的認識方法

食物好壞的認識是很重要的事，因爲買了壞的食物來，吃了有中毒的危險。現在把各類食物好壞的簡單認識方法寫在下：

（一）米的好壞的分別方法　挑選米的標準是：米粒要大，顆粒大小平均，形狀要豐滿，實質要堅硬而重，顏色白而有光彩。照衞生講起來，不能吃精製的上等白米，因爲牠裏面沒有乙種維他命，最好是吃半搗過的米。

（二）菜蔬　這不用說，誰都知道。新鮮的菜蔬是鮮綠色的，含有很多的水分。不新鮮的菜蔬的葉子必定枯萎。

（三）肉類（豬肉等）　辨別肉的好壞是很重要的事，壞的肉是絕對不能吃的。新鮮的肉，顏色是血紅的，有一種肉的香氣，還有彈性，有彈性的肉，只要用手指頭在肉上按一下，指頭的印子能夠立刻消滅。不新鮮的肉，顏色是紫色，沒有彈性，含有很多的水，祇要用手拿牠，就有不少的水流出，並且還有臭的氣味。

（四）魚類　魚類好壞的辨別也是極重要的，敗壞的魚吃下肚常能使人中毒的，所以絕不能吃。並且有一種叫河豚的魚。在牠的卵巢等臟器裏含有毒素，常常有人因為吃河豚而被毒死，所以最好不要吃牠。新鮮魚的眼睛和活魚一般，眼球透明又發光，腮是鮮紅的顏色，肉有彈性。不新鮮的魚眼睛沒有光澤而且凹落進去，腮是深紅色，顏色不像同種的活魚，肉的彈性極弱，並且還有臭氣。

（五）蛋類　蛋的好壞有很簡便的方法可以辨別。拿一個蛋，用手圍着四週，要圍得緊，橫放在眼睛的前面，對着光亮的地方照。蛋裏光亮就是好的，不光亮的就是壞的。

第三章　食物久藏的方法

食物的久藏方法如果不曉得，烹飪的人要受很大的損失。現在把普通食物的久藏方法寫在下面：

(一)米的久藏法　要藏米使牠不生蟲，惟一的方法就是要放在乾燥的地方。如果藏的時期不過長，決不會生蟲。

(二)菜蔬的久藏法　新鮮的菜蔬要久藏，必須在牠上面洒些清水，然後放在陰涼的地上。這樣的藏法，可以藏兩三天，可是要注意，決不可以放在太陽光下。

另一種方法，就是用鹽醃，這樣可以藏幾個月。

(三)魚及肉的久藏法　新鮮的魚和肉藏在冰箱裏，可以過一星期左右。

還有一種方法就是把魚和肉都用鹽擦了，放在缸裏，再撒些鹽在肉上，這叫做鹽藏法。用了這種方法，可以藏幾個月，不過要常常拿到太陽下去晒晒。

(四)蛋類的久藏法　家常適用的方法是把蛋放在稻殼裏。沒有稻殼，麥麩、糠和草灰都行。用這個方法，如不在夏天，可以藏一個月左右。如果還要藏得久些，可以把雞蛋的殼上塗些凡士林。

(五)鮮菓久藏法　把水菓用新鮮植物的葉子隔着，藏在竹籃裏，可以藏相當的時候。

(六)煮熟食物的久藏法　尤其在夏天，已經煮熟的食物需要行久藏法，否則半天都不到，食物就餿了。實行的方法簡便得很，就是把食物熱一熱。在夏天，每頓飯後熱一次，一天共熱三次。在冬天每天熱一次。用了這個方法，在夏天食物能經兩天不壞，冬天能經一兩星期。

(七)醬油的久藏法　在熱天，醬油放了一兩個星期，就會生出白色的東西（俗稱白花）來，如果在生花前熱一次，那麼就可以多經一倍的時間不壞。不過要注意，這種方法祇能行一次或兩次，次數熱得太多，醬油會不好吃的。

第四章　經濟飯食的談話

各個人一個月的飯費相等，可是吃的飯菜的好壞就不同了。同是自己燒飯吃，有的人每月在伙食上祇用六塊錢，倒可以得到合衞生和營養的飯菜；有的人每月的伙食要用十塊錢，可是吃的並不好。這不是一個很值得研究的問題嗎？怎樣支配每日的飯菜，使合乎人體的需要，請看關於衞生的飲食的一篇。這裏祇談怎樣用較少的錢，得到較好的飯菜。這完全是對一般自己燒飯的人說的。

小規模的自燒自吃，最好要有三個人合夥，最多也不得超過六個人。因爲人數太多，規模太小供給不了。人太少了，又太不經濟了。就拿一個人來說，非但菜的樣數要比三四人合伙時減少，並且飯費要多出三分之一以上，這是因爲像煤、柴和油鹽一類的東西，並不和人數同比例的增減的緣故。還有，三數人合伙可以輪流的烹飪，如果祇有一個人，時間上就太不經濟了。

此外關於用煤燒柴和買菜蔬上的節省都必須親自去幹纔會知道的。

一人自燒自吃每月須八塊錢，這是因爲人少的緣故現在根據一九三五年上海的生活程度；把每月各項的支出作一個約計，供各位參考。

米或麵——二元

菜蔬——三元五角

煤炭等——一元五角（經濟用不能整天的燒）

油、鹽，醬油及其牠——一元

照這個例子，除早飯吃稀飯外，每頓有兩樣菜，像肉一類的葷菜每星期可以吃一兩次。大概是吃麵食比較更便宜些。菜的種類常換，對於營養絕不會缺乏。

四人合伙之飯食，每人每月衹須六塊錢，關於每月各項的支出，作一個約計：

米或麵——八元

菜蔬——十元

煤炭等——四元

油鹽及雜費——二元

有了四人，就比較一個人經濟多了。非但要節省了兩塊錢，並且每頓飯可以有四樣菜，像肉一類的葷菜可以常常吃了，關於營養方面，也要比一人單獨吃的伙食好些。

第五章　廚房裏應該注意的衛生

(一)廚房的門窗都應該裝上鐵絲紗，絕對不能讓一個蒼繩跑進來，因爲牠的身上帶着各色各樣的黴生物，使人受傳染而得病。

(二)廚房離淹溝不能太近，因爲淹溝裏面常有些食物渣，會發出臭氣引蒼蠅來，我們馬虎了一點，牠就會乘機會進了廚房。並且淹溝裏常要洒些臭藥水消毒。

(三)廚房裏的每一種器具都要淸潔。牆壁每一星期或兩星期要打掃一次。碗、碟、匙、和筷這些吃飯用的東西，每次洗過後，還要放在沸水裏煑十分鐘，殺滅微生物。

(四)買來的菜等，最好先洗過，再拿進廚房。

(五)廚房裏不應當有老鼠和其牠的昆蟲。

(六)廚房裏的地每天必得在早晨掃一次，正在烹飪的時候，絕不可以掃地和抹灰，因爲灰塵會飛到菜裏去。

（七）壞菜葉和其牠的廢物一定要有器具存放，到了相當的時候，就應該拿出去倒掉，隨地丟是不對的。

第六章　怎樣能把飯菜燒得好吃

每個初學燒飯的人，心裏都會發生這個問題——如何能把飯菜燒得好吃。這個問題的確是很重要的，現在把普通應該注意的地方寫在下面：

燒飯應該注意的是水，水多了飯爛，水放少了飯硬。所以要飯好吃非注意水不可。不但燒飯就是燒菜也是一樣，湯必定要不多不少，菜纔會好吃。

火的大小和強弱對於飯菜的滋味有很大的關係。例如：煑飯到閉飯的時候要用大火（俗稱武火），炒菜要大火。可是在燉起鷄湯來，就不可以一直用大火，必須用大火燒沸，再改用小火（俗稱文火）慢慢的燉熟。

調製的時間應該注意，譬如：炒菜應該拿十五分鐘左右的時間做限度，決不可把肥嫩的菜用大火炒半點鐘以上。

菜的鹹淡應該注意，菜太淡了就沒有味道，太鹹了就不能進嘴，所以放醬油和鹽到菜裏去，一定要一面放一面嘗嘗鹹淡。還有，炒菜祇可以放鹽，不可放醬油。各種的淸湯也是如此。可是在燒肉，燒魚，炒豬肝等的時候，醬油和鹽必須都用。

炒菜用油的多少應該注意，太少了菜容易炒黃，而且不好吃。譬如炒菠菜，如果油放少了，就會非常澀嘴。

關於燒菜應該放多少水，火的大小，時間的長短，用油鹽和醬油的多少，在本書的烹飪法裏都有詳細的數字指出。雖然醬油和鹽的數量已經註明了，可是因爲鹹淡的不同，各位可以在臨時決定增多或減少。初學烹飪的人照着烹飪法去實習，幹了三分之一，每種都有兩次以上的經驗，那麼就可以說是入了門。

要得到經濟和可口的菜，味精是少不了的，祇要放少許到已經燒好的菜或者湯裏去，滋味就會鮮美得多。並且味精的價格不貴，祇要幾角錢就可以買一瓶，夠用一兩個月。這種經濟的調味品，很適合一般人的需要。現在市面上出賣的味精有很多牌子。例如：味精，觀音粉，味母，和合粉等都是

國貨

第七章　怎樣處置餐具

燒過了飯菜，吃好了飯，就必須處置餐具了。

切過葱的刀可以插在泥裏，等一會拔出來用清水洗一洗，再用沸水泡一泡，擦乾，就清潔了。

飯碗和菜碗、筷子、鍋鏟、湯匙等，可以放到一盆冷熱適度的淘米水（見註）裏，然後用洗碗布洗，洗過後用沸水煮十分鐘，擦乾就行了。（不擦也可以）

鍋可以用淘米水或煤灰來洗，方法是這樣的：先倒淘米水進鍋，用刷子來刷洗，然後把淘米水倒掉，用沸水泡一遍卽成。如果用煤灰來洗，就不用淘米水。先放一把煤灰進鍋用牠來擦鍋的內部，於是鍋面上的油都被煤灰吸去和擦去了。再用清水洗一遍，用沸水泡一遍就行了。

用來切肉的刀，上面有很多的油，也可以先用煤灰擦，再用清水洗，沸水泡。

（註）淘米水就是洗過米的水，又叫做米瀾水。

第八章　使用煤爐和炭爐應有的注意

小規模的自己燒飯，衹要一隻煤爐和一隻炭爐，利用炭爐來煮飯和炒菜，煤爐用來燒菜和燒水。牠們的力量足能供給五個人的吃喝。如果住的房屋有燒柴草之爐灶，是可以用來代替炭爐的。如果在住的地方買不着煤球，煤爐無用了，那麼衹好用炭爐來代替，因爲炭是各處都能夠買得到的，不過每月的消費要大些。

用煤爐有很多的好處，譬如：燒菜和燒水不必一定要人在旁邊守候，所以時間上是經濟了。在不燒菜的時候可以用來燒水，不費什麼工夫，可以夠十人喝，省去上街買水（在都市裏有老虎灶賣熱水）和用柴燒水的麻煩。把在煤爐的火口上蓋上些溼煤或者鐵火蓋來減小火力，然後把菜和飯燉在上面，無論什麼時候要吃都是熱的。

使用煤爐和炭爐必須小心，下面的各項必定要注意，否則因爲屋裏缺乏氧氣，或一氧化碳氣

（有毒氣體）太多，而使人中毒和窒息：

（一）燒飯和睡覺最好不在一間屋子裏。

（二）如果不得已，非在一間屋子裏不可，那麼在白天，房屋的窗子必須常開着，使空氣流通，一氧化碳和二氧化碳氣都不能停在屋子裏。在晚上煤炭爐必須完全熄滅後，纔能關窗子睡覺（最好還能開一部份）。如照這樣實行，絕不會發生危險。

（三）坐在有煤爐的屋子裏，覺得有些頭昏，漸漸的嚴重了，如果窗戶是緊閉着的，那就恐怕是因爲屋裏的煤爐發出很多的一氧化碳，或者屋裏的二氧化碳氣太多，而氧氣缺乏的緣故，這個時候必須立刻把窗子打開，使空氣流通，否則必定要中毒昏倒。

對於已經中毒的人的救急，是很要緊的。現在把方法記在下面：在發現有人中煤毒的時候，立刻就要把屋裏的窗戶完全打開，使空氣流通，立刻就把病人移到空氣流通的地方，施行人工呼吸法。如果沒有適當的地方，祇好在屋裏施行，好在已經有新鮮空氣進來了。人工呼吸的施行方法如下：把中毒人的衣服拉開或脫去，用毛毯包裹身體，使仰面睡着，在這人的肩部用衣物等墊高，使頭稍向後方低垂，並且要使他的嘴張開。如果他的舌頭抵住了口腔，那麼必須拉出，纔不至妨礙人工呼吸的進行。然後施術人跪在中毒人的頭後，把他的兩隻手臂拉得向頭上伸直，這個時候中毒人的肋骨上舉。肺腔擴大了，就有空氣由鼻孔和嘴跑進肺裏去。兩秒鐘後，又使他的兩臂彎起，放在胸部上。這時中毒人的肋骨下落，肺腔變小，於是就又呼出了空氣。兩秒鐘後，又照這方法循環的實行，大約每分鐘使中毒人呼吸十五六次。如果這人剛閉氣不久，祇須施行幾十分鐘就能蘇生。如果已經閉氣得太長久了，施行了兩小時以上還不見有一些轉機，大概就沒有希望了。

第九章　燒煤爐和炭爐的方法

燒煤爐和炭爐，好像是一件很容易的事，無論誰都會。可是實際上，沒有空想的那樣容易。有許多的人，費了一二小時的時間，連煤爐都燒不着呢。現在把燒的方法寫在下面：

放些紙到煤爐裏去，在紙上放些木柴和樹枝，然後用火柴把紙點着，纔着木柴也着了。這時再放七八個煤球到木柴上，等到木柴燒完的時候，煤球也就着了。如果不用木柴，祇用紙來引火，是不容易燒着的，因爲紙燃燒的時候生的熱度不夠使煤球燃燒。必須要用紙和木柴來引火，纔能在十分鐘裏把爐子生起來。

如果是炭爐，可以把紙，木片和炭都按次序的堆集在炭爐上，然後點着紙，纔着木片和炭都會着了。

第十章　烹飪上應用的工具

無論做什麽事，工具總是不可缺少的，現在把烹飪上最低限度的工具預算，開在下面，全部祇要六元六角錢，關於價目方面，完全是在一九三五年從上海各店家調查得到的：

名稱	數量	價目	購買處所
煤爐（燒煤球之爐灶）	一個	每只捌角	各專賣杯碟碗鍋的雜貨店
碗（大號盛菜用，直徑約六吋）	四個	每個壹角	同上
碗（小號吃飯用，直徑約五吋）	四個	每個壹角	同上
磁盤（八吋直徑）	二個	每個叁角	同上或各國貨公司
鋼精飯鍋（九吋半直徑）（鋁質）	一個	每個壹元伍角	同上
鋼精菜鍋（九吋半直徑）（鋁質）	一個	每只柒角	同上
鋼精杓子（三吋直徑）	一個	每只壹角伍分	同上

鍋鏟	一個	每只壹角	同上
白鐵壺（燒水用）	一把	每只叁角	同上
火鉗	一把	每只壹角伍分	同上
竹筷	二把	每二把一角	同上
調羹（即湯匙）	三個	每三個一角	同上
切菜刀	一把	每把伍角	同上
磁盆	一個	每個伍角	同上
炭爐（外殼爲鐵皮者）	一個	每個三角	各專售杯碟碗鍋之雜貨店

第十一章　烹飪上應用的材料

有了工具必須還要有材料，現在把應用的材料開在後面：

煤球可以在煤炭店裏去買，大約一百斤要一元三角錢。或者在煤炭店裏買了煤灰，也就是粉碎的煤，來用水調和了，做成一個個的煤球，乾了就能使用。

炭也是要向煤炭店去買的，大約九角錢可以買一簍，一簍重三十斤。

木材在煤炭店裏也有得賣，大約一塊錢可以買一百二十斤。

柴草普通用的是茅草和稻草。稻草大約一塊錢可以買二百斤左右，茅草祇能買一百多斤。牠們都可向各農人家去買，或向柴草店裏去買。

除了煤球，炭等材料外，還有菜、米、肉、調味品，牠們的價格很會變動，無論在什麼地方都有得賣，所以不再一一寫出來了。

第三篇　陶母烹飪法

烹飪法裏應用的度量衡

烹飪法裏應用的度量衡，完全是根據政府規定的。現在列舉在下面：

重量——本書裏的斤，是指市斤。一市斤有十六兩，一兩等於十錢，一錢等於十分。一公斤等於兩市斤。

容量——本書裏的升，是指市升。因為一市升等於一公升，所以也是指着公升。一公升和一市升都等於一立方公寸，等於一千立方公分(Cubic centimetre 縮寫成 C.C.)。

要稱重量並不困難，各位當然有秤。可是用水的多少，因為手邊沒有升就困難了。惟一的辦法，就是到米店裏去借一個市升，滿盛一升水，倒在一隻大碗裏，看這升水達到碗的什麼部份，以後就可以拿這隻碗當升來量水了。

第一章　米食和麥食的調製法

煮飯

煮飯最難的就在放水。水放得不多不少，那煮出的飯纔會好吃。

【原料】米（一升）（約夠普通兩三人吃），水。

【製法】

（一）把米放在盆裏，加入清水，用手搓洗，有許多髒東西都浮在水而上，然後把水倒去，這樣的洗三遍，再把米撈進鍋，放入二升水，用鍋鏟調和，再把鍋蓋蓋上，讓牠煮。等到沸時，用鍋鏟調拌一回，不讓牠生鍋巴。大約再等十分鐘，鍋裏祇有一點水了，米的顆粒也變大了。再調一回，水都被米吸了去。然後把鍋蓋蓋緊，蓋的四週用布塡密，不讓熱氣跑出來，因爲熱氣跑出太多飯就不能熟透。再把火弄小，可是不能弄熄了。等二十分鐘，把鍋蓋打開，鍋裏的米都變成飯了。

【注意】 閉飯前火要大。

【附註】 米有新米陳米的分別，新米潮濕些，所以燒時要少放水。陳米乾燥些，所以要多放些水。

米買來，第一次照一碗米兩碗水的方法燒。如果飯爛了，下回少放些水。如果飯乾了，下回多放些水。

煮稀飯（湯飯）

煮飯過後，鍋底有一層鍋巴，也就是一層焦飯。鍋巴可以拿來煮稀飯，當早飯吃。

【原料】 鍋巴（份量不定），水。

【調製法】

(一)放一小碗鍋巴，和三小碗水進鍋，等水沸的時候用銅杓輕輕的調拌一回。等再沸，用銅杓和鍋巴相碰，如果鍋巴一碰就散，您就可以把鍋巴都碰碎。如果碰不散，那還得讓牠煑一會。可是必須注意，絕不能用銅杓把鍋巴壓碎，因爲這樣一來，把飯都弄爛了。飯塊碎了以後，等牠再沸起來，稀飯就成功了。

【注意】鍋巴和水成一與三的比例。

煑粥

【原料】米（一升），水（5000立方公分）。

【調製法】

(一)先把米放在盆裏加水，用手搓洗，換水三次，再撈到一個鍋裏。

(二)放5000立方公分的水進米鍋，然後用大火燒，直燒到沸後十五分鐘，就改用小火燒。不時的要用杓子調和，避免燒焦。大約再過二十分鐘，就會看見米粒散開和澎脹大了，這個告訴我們，粥已經熟了。

【注意】米和水的比例，大約是一比五，也就是米一水五。

【附註一】如果在粥將熟的時候，在粥上蓋一大張新鮮的荷葉，粥熟後，有一股清香，這叫做荷葉粥。

【附註二】肉粥是在粥將熟時，把燒好的肉和湯放進煮成功的。糖粥是放糖的粥。這些都不再另述。

豬油菜飯

【原料】米（二升約夠普通六人吃，）青菜（二斤），生豬油（三兩），豆油（一兩），鹽（少許），蝦米（一兩），水。

【調製法】

（一）先把米用水搓洗三遍，撈出。

(二)把青菜洗一遍，切成半寸長的小段，再洗一遍。

(三)把生豬油切成半寸見方的小塊，洗一遍。

(四)放豆油進鍋，隨着又把生豬油放進，直到熬出油來，就把豬油渣撈出。立刻放青菜進鍋，用鍋鏟調和，大約炒一兩分鐘，再放進2500立方公分的水。隨着把米、鹽和蝦米放進，大約煮十分鐘，就要用鍋鏟調和。以後，鍋裏的水漸漸少了，就把鍋蓋蓋上，蓋的邊緣要用布塞緊，避免透氣。再等五分鐘左右，聽到鍋裏有「辟拍」的炸聲，就得把爐裏的火留一些，餘剩的完全熄滅。大約再過二十分鐘，飯就熟了。

【注意】閉飯後，不到飯熟的時候不能開鍋蓋。

【附註】這種飯在燒草的爐灶上調製比較便當，在煤爐上調製要麻煩些。

甘藍菜炒飯

【原料】甘藍菜（半斤），冷飯（由半升米煮成的），豆油（一兩二錢），醬油（五錢），鹽（二錢五分），水。

【調製法】

(一)先把甘藍菜洗乾淨，切成大約四分闊的段，再洗一遍。

(二)放一兩二錢豆油進鍋，等油熬老，把甘藍菜放進，加二錢五分鹽，調拌五分鐘。乘菜還沒有炒熟，就把冷飯蓋上，再取100立方公分的水灑在飯上，把蓋蓋好。一會，鍋裏就會發生一種辟拍辟拍的聲音，等到聲音變大的時候，再把鍋蓋拿下，用鍋鏟把飯翻翻，使飯和菜混合。如有飯團，可以用鍋鏟弄碎牠。這樣炒五分鐘，放進五錢醬油，再炒一會就成功了。

【注意】炒甘藍菜的時候火要大。飯下鍋後火要小。

【附註一】如要吃蛋炒飯，也只要在放過醬油的時候，把炒熟的雞蛋拌入，調拌均勻就行了，不過醬油要少放些。

【附註二】如不用甘藍菜炒飯，改用別種菜來炒，也是一樣的。

炸鍋巴

【原料】鍋巴（就是煮飯後黏在鍋上的一層黃色東西），豆油，糖或鹽。

【調製法】煎鍋巴所用的原料不必有一定的份量。先把豆油放到鍋裏，等牠熬老，把一小塊一小塊的鍋巴放進去煎，但是每次不得超過五塊。等煎得有些黃了，就即刻取出再放沒鍋巴進去煎。

【吃法】把已經煎好的鍋巴上撒少許的鹽或糖，就成了極好的早餐的菜。

【注意】火不要太大。

陽春麵（光麵）

【原料】麵（半斤），青菜（隨意），醬油（五錢），鹽（五分），豬油或熟豆油（三錢）（熟豆油就是熬過的豆油），水。

【調製法】

(一)取一棵小青菜，不限大小，放在盆中，再放些清水，把青菜葉子中間的髒東西洗去，再洗一遍，必須洗乾淨。然後用刀把牠切成一段段的。

(二)放1000立方公分(C.C.)的水進鍋，等牠沸了，取出100立方公分的沸水，倒在一個大碗裏，又加五錢醬油五分鹽和三錢豬油，這就是麵的湯。

(三)把切好的青菜放到沸水的鍋裏，等再沸又放麵。調拌一下，把鍋蓋蓋好。等牠再沸，麵和菜都熟了，就可以撈到盛湯的大碗裏，調拌均勻就成功了。

【注意一】 火要大。

【注意二】 青菜裏常會有蟲躲着，必須要洗乾淨。

【附註一】 如果有剩下的肉湯，放到麵湯裏，少放些醬油，滋味更好。

【附註二】 陽春麵裏放了熟的肉絲和肉湯，就成了肉絲麵。放了鷄絲和鷄湯，就成了鷄絲麵。……

炒麵

【原料】　切麵（半斤），醬油（五錢），鹽（二錢），豬油（一兩二錢），水。

【調製法】

(一)先把切麵放在蒸籠裏蒸十分鐘，取出。

(二)放水進鍋，等牠沸的時候，放進蒸過的麵，等再沸，立刻把麵撈出，用冷開水浸一浸，再撈出，瀝去水。

(三)放豬油進鍋，等牠熬老，把麵放進去煎，用鍋鏟慢慢的炒。等到麵差不多煎黃的時候，加進鹽、醬油和100立方公分的熟水，就不要去動牠，把鍋蓋蓋起來。等到聽着鍋裏有很多皮拍的爆炸聲的時候，就可以盛出來吃了。

【注意】　必定要到麵煎黃的時候纔可以放醬油和鹽，否則炒出的麵必定不會香脆的。

【附註】　在放醬油的時候，同時加進熟的肉絲，就成了肉絲炒麵。放進熟的鷄絲，就成了鷄絲炒麵。放進剛炒好的菜，也是可以的。

蒸饅頭

【原料】　麵粉(兩斤多)，酵母(三兩)，鹼水(多少不定)，水。

【調製法】

(一)先把酵母用300立方公分的溫水泡開，等用。

(二)把兩斤麵粉倒在盆裏，和入酵母水，用手調拌，揉成一團。如果太乾了，就再和入些水。如果太潮了，就再加入些麵粉。這部工作完成後，就把這盛麵的盆放到溫暖的地方，幾小時後，麵塊就會發得很大了。

(三)把發起的麵塊裏，和入少許的鹼水，調拌均勻。然後撒些麵粉到刀板上，把麵塊放在上面，揉成棍棒的形狀，用刀切成一寸左右長的小麵塊，黏些麵粉。

(四)把蒸籠裏惦一張濕布，把小麵塊都放入，互相要有相當的空位。然後把蒸籠蓋蓋上，放在有水的鍋上去蒸。大約蒸二十分鐘以上籠頂就有大量的氣冒出再過十幾分鐘，開籠蓋一看，饅頭變得很大了，而且非常鬆軟，就熟了。

【注意一】 鹼水放入的多少，沒有一定的份量，可是必須注意。鹼水放多了，饅頭變黃，澀嘴不好吃。放少了饅頭變酸，也不好吃。試驗放入的鹼水夠不夠的方法，就是由放過鹼水的麵塊裏取出一點麵，放在火上烘熟，吃一點看，如果有點酸，那麼麵塊裏還要放入些鹼水。如果不酸，就行了。這部試驗的手續要做得快。

【注意二】 蒸饅頭時，火要大。

【注意三】 在熱天，麵發得快在冷天，麵發得慢。要麵發得快些，就必須把和入酵母的麵塊放在有暖氣的大鍋裏。

【附註一】 酵母就是已經發過的麵塊，可以向吃饅頭的北方人要一些來，在麵發好了以後，再還他一塊。

【附註二】 如果把饅頭切成片，用油煎一煎，也是非常好吃的。

蒸豆沙包子

【原料】紅豆，糖，豬油，麵粉，酵母，鹼水，水。

【調製法】

(一)把麵照蒸饅頭一文裏的方法發起來。

(二)先把紅豆用水洗幾遍，放進鍋，再加些水，然後用火燒。一直把紅豆煮爛，連豆帶湯都倒在一塊粗布上，下面用一個鍋接着湯，然後用力把布絞緊，使豆沙和湯完全通過布流到鍋裏，把豆殼留在布上。把豆沙湯熬乾，調入豬油和糖，就成了豆沙。

(三)把發好的麵塊放在撒有麵粉的刀板上，和入少許鹼水，用手揉，再搓成棍棒的形狀，用刀切成半寸長的小段大概比栗子大些，再使牠黏些麵粉，用趕麵杖壓成一個個的小圓餅，拿豆沙做餡子，包成一個個的包子。

(四)把包子放在墊有濕布的蒸籠裏，互相間要有些空位，然後蓋起蒸籠蓋，放到盛有熱水的鍋上去蒸。大約等二十分鐘，籠頂就有大量的氣體冒出，再蒸十幾分鐘，就熟了。

【注意】　火要大。

蒸肉包子

【原料】　豬肉（一斤），筍（一斤）醬油（一兩五錢），鹽（二錢五分），麵粉（二斤多），鹼水，酵母（三兩），水，豬油（三錢）。

【調製法】

（一）照蒸饅頭一文裏的方法，把麵發好。

（二）把豬肉洗一遍，切成小方塊，再洗一遍，用刀斬碎。

（三）把筍皮剝去，除去筍老，用刀切成絲，再切成一丁丁的，洗一遍。

（四）放豬油進鍋，等熬老，立刻把肉放進，用筷子調拌，隨着就把筍丁、醬油和鹽放進去，再炒十分鐘，倒出。

（五）把發好的麵塊，放在撒有麵粉的刀板上，和入少許的鹼水，用手揉，再搓成棍棒的形狀，用刀切成半寸長的小段，大約比栗子大些。再使牠黏些麵粉，用趕麵杖壓成一個個的小圓餅，拿炒好的筍肉丁做餡，包成一個個的包子。

（六）把包子放在帖有濕布的蒸籠裏，蓋上蒸籠蓋，然後放到盛有熱水的鍋上去蒸。大約蒸了二十幾分鐘，籠頂上就有大量的氣冒出來，再蒸十五分鐘左右，就熟了。

【注意一】麵塊裏放鹼水的多少要注意。

【注意二】炒肉丁和蒸包子的時候，火要大。

【附註一】如果把菜切碎，用來做包子餡。在做的時，加入一些鹽和豬油到包子裏去，蒸熟就成了菜包子。

【附註二】包子吃不完，第二天可以用豆油煎了吃。

烙餅

【原料】 麵粉（半斤），鹽（二錢），熟豆油（六錢），水。

【調製法】

(一)先把麵粉放在大碗裏，加入鹽，用熟水調和，用手揉勻成一團，然後移到撒有麵粉的刀板上，用趕麵杖壓成一個圓的厚餅。

(二)把烙餅的一面塗些熬過的豆油，然後放進鍋，拿有油的一面朝鍋底。等到底面有些黃了，再用熟豆油塗在餅的上面，然後把餅翻一個面再烘。以後不必再塗油了，祇把餅翻幾次面，等到兩面都烘黃了，而且酥鬆，就成功了。

【注意】 烘餅時，火要小。

第二章　肉類的調製法

燒豬蹄胖

【原料】豬腿（一斤），醬油（二兩），鹽（一錢三分），白糖（二錢），水。

【調製法】

（一）取豬腿上肉的一段，沒有豬腳的，大約一斤重，把牠切成五六塊。然後放在溫水裏，用刀把皮刮一遍，把毛和髒物刮下來，再洗一遍。

（二）放1000立方公分的清水進鍋，等到水沸，把肉倒下去。等牠再沸時，用杓子或羹匙把血沫除去，再放進二兩醬油，一錢三分鹽和二錢白糖，這時可以把肉翻一個身，讓牠再煮。大約煮了兩點半鐘，水就快要乾了。您可用筷子對肉皮上一碰，如能碰破，這就是證明蹄胖已經熟透，可以吃了。

【注意】火要不大不小。

【附註】豬腿裏有很粗的骨頭，所以最好請豬肉店替您切。

蒸鵝頸

蒸鵝頸並不是用眞正的鵝頭頸蒸出來的，稱牠做鵝頸，是因爲這種菜像鵝頭頸的形狀。

【原料】豆腐皮（二張），豬肉（半肥半瘦的半斤），醬油（一兩六錢），鹽（二錢），鷄蛋（一個），豬油（二錢），水。

【調製法】

（一）先把豬肉洗一遍，切成小塊，再洗一遍，更斬成碎肉丁，然後放在一個碗裏，調入一錢五分鹽和一兩二錢醬油，再和入一個鷄蛋，調均。

（二）把豆腐皮先用冷水洗一遍，然後再用沸水泡兩分鐘，裏乾拿出，用刀把每張豆腐皮分爲二塊，於是一共有四塊。取一塊豆腐皮，平放在桌上，拿四分之一的碎肉放在牠上面，然後像包書一樣的捲成一根七八寸長像棍子的東西。照這樣的再把其餘的三塊都包好。

（三）把捲好的鵝頸放在蒸籠裏蒸十五分鐘，拿出，用刀把牠切成一寸寸的小段。

（四）放800立方公分的沸水進鍋，同時也把切好的鵝頸放進去，再加入一錢五分鹽和四錢醬油，三錢熟豬油，煮十分鐘，就熟了。

【注意一】包鵝頸的時候要包得緊，燴的時候纔不會散開。

【注意二】蒸鵝頸時火要大。

肉圓

【原料】豬油（一斤），木耳（一兩）（見註）醬油（二兩五錢），鹽（二錢），葱（隨意），豆油（四兩），藕粉（二錢），水。

【調製法】

(一)先把豬肉洗一遍，再洗一遍，必須洗乾淨。然後切成片，再切成小塊，更斬成碎肉丁，盛在一個碗裏，加入一錢鹽和二兩醬油，調拌均勻。

(二)把木耳放在一個碗裏，用沸水泡着，枯乾的木耳就會漸漸的展開了。這時要挑檢一下，把不好的除去，換一碗冷開水浸着。

(三)把藕粉放在一個小碗裏，用少許冷開水化開牠，調均。滴三四滴在一個小盤子裏，用右手拿着一個羹匙，取一匙肉丁倒在盤子裏，使牠滾來滾去滿黏粉水成了圓球，然後放在另外一個盤裏。照這樣把肉都做成肉圓。

(四)放四兩豆油進鍋，等到熬老，放進五六個圓子進去煎，用筷子調拌。等煎成微褐色，立刻取出，然後再放肉圓進去煎。等完全煎好了，把剩下的豆油倒出。

(五)放 1000 立方公分的水進鍋，沸後，放進圓子和一錢鹽。等再沸時，把湯上的肉沫除去，加入五錢醬油，再把木耳放進，煮十分鐘就成功了。

【注意一】肉圓要做得緊纔能用油炸，否則要碎的。
【注意二】火不要太大。
【附註一】木耳在雜貨舖裏出賣。
【附註二】在做肉圓的碎肉丁裏，可以加入相當的豆腐，這樣做出的豆腐肉圓，也是非常好吃的。

飄肉圓

【原料】豬肉（半肥半瘦的半斤），豬油（三錢），鹽（二錢五分），醬油（一兩三錢），雞蛋（一個），藕粉（四錢），水。

【調製法】
（一）先把豬肉洗一遍，切成一塊塊的小塊。再洗一遍，把肉斬碎成肉丁，盛在一個碗裏，加入一錢五分鹽，八錢醬油和三錢藕粉，用筷調拌均勻。

(二)打一個鷄蛋磕在一個小碗裏，用筷子調拌一會，再把鷄蛋倒到肉碗裏和肉丁調和均勻。

(三)放800立方公分的水進鍋，沸後。

(四)拿一錢藕粉，放到一個小碗裏，加入20立方公分的冷水使他化開。把牠滴兩三滴在一個小盤子裏，再用右手拿一羹匙，在肉碗裏取半匙肉，倒在盤裏的粉水上，用羹匙使肉滾來滾去，滾成一個球形，然後放進沸水鍋。這樣一個個的做，一個個的放入鍋，等到做完了，用羹匙把鍋裏的血沫除去，然後加入五錢醬油，一錢鹽和三錢熟豬油，讓牠再煮十分鐘，加入少許的葱，就熟了。

【注意一】這肉圓要做得結實，否則進鍋就要散的。

【注意二】飄肉圓時火要大，到水沸時，肉圓纔能下鍋。

【附註】如果喜歡吃木耳，可在肉圓下鍋以後放進。

米粉蒸肉

米粉蒸肉，滋味非常鮮美，恐怕人人都愛吃的。

【原料】　豬肉（半肥半瘦的一斤），米粉（四兩）（見附註），豆腐皮（二張）（見附註），醬油（二兩三錢），水。

【調製法】

（一）先把肉洗一遍，切成一片片的，每斤大約兩三分厚，大小不必管。然後再洗一遍，放在一個碗裏，加入二兩醬油，然後把牠們調均。

（二）買兩張豆腐皮，放在沸水裏浸兩分鐘，取出再浸在冷水裏，用手輕輕的搓洗，然後裏乾，把牠掂在蒸籠底，可以使蒸的東西不黏底。

（三）取米粉四兩，盛在一個碗裏，把已黏過醬油的肉片，用筷子夾到粉碗裏使滿黏米粉，然後放到蒸籠裏的豆腐皮上。這樣一塊塊的都黏了米粉，放到蒸籠裏去，如果有剩餘的米粉，也倒在肉上，肉碗裏多下的醬油也倒在肉上。再把蒸籠蓋蓋上，把蒸籠放在沸水鍋上蒸，下面用火燒着。等到有許多熱氣由籠頂冒出來的時候，您把蒸籠蓋打開，取醬油水（醬油水是 100 立方公分的水和三錢醬油混合成的），灑在乾的粉上，然後蓋好鍋蓋讓牠再蒸一點半鐘，就會熟了。

【注意一】　火要先大後小。

【注意二】　米粉肉蒸好後，籠底的豆腐皮不可丟掉，用牠和水、鹽、醬油配合了烹調起來就成了豆腐衣湯。

【附註一】　用米和少許八角（茴香）放在一起炒，等米炒得稍微黃了，就把茴香丟掉。再把炒好的米磨成粉，就是米粉。茴香在藥店裏可以買到。

【附註二】　有一種叫荷葉粉蒸肉，是用醮過醬油的肉，醮了米粉，用荷葉包好，再用細繩梱好，每包大約有兩三塊肉，然後放到蒸籠裏蒸成功的。這種粉蒸肉因爲是用荷葉包起來蒸的，所以有一種清香的氣味。

燒肉片

【原料】豬肉（半斤），豆腐乾（四塊約三兩重），醬油（一兩五錢），豆油（六錢），鹽（一錢五分），葱（隨意），水。

【調製法】

（一）先把豬肉切成塊，再切成片，洗乾淨。

（二）把豆腐乾切成很薄的片，每片大約半分厚，洗乾淨。

（三）先放豆油進鍋，等到熬老，把切好的肉片放進去炒，用筷子調拌，加入鹽和醬油。等到肉片變了色再放進800立方公分的水。再煮半小時，水差不多要乾了，這時可以把豆腐乾片放進去，用筷子調拌。再煮十分鐘，豆腐乾片已成了微褐的顏色，加入少許的葱就成了。

【注意】從放豆油進鍋到肉片變色須用大火，以後火力要小些了。

扁豆燒肉

【原料】 扁豆（一斤），豬肉（半肥半瘦的半斤），豆油（六錢），醬油（一兩五錢），鹽（二錢五分），水。

【調製法】

（一）先把扁豆四邊的筋用手撕去，用水洗一遍。

（二）把豬肉洗一遍，切成一片片的，再洗一遍。

（三）放六錢豆油進鍋，等到熬老，把切好的肉片放進去，用筷子調拌，等到肉變了顏色，加入一錢五分鹽和一兩醬油，再調拌五分鐘，加入400立方公分的水，蓋好鍋蓋，讓牠養三十分鐘。再把扁豆蓋在上面，加入五錢醬油和一錢鹽，每五分鐘調拌一回，到扁豆的顏色變得稍微紅了，就表示熟了。

【注意一】 扁豆要嫩的，否則筋太多不好吃。

【注意二】 如果買了老些的，四面的筋（就是粗纖維）必定要完全除去。

【注意三】火要不大不小。

千張燒肉

【原料】千張（半斤）（見附註），豬肉（半斤），鹽（二錢五分），醬油（二兩五錢），豬油（三錢），葱（隨意），水。

【調製法】

（一）先把豬肉洗一遍，切成片（每斤長一寸闊半寸厚四分），再切成絲，洗一遍

（二）把千張整張的放進鍋裏，加水煮十分鐘，取出切成兩分闊的絲，再洗一遍。

（三）放 1000 立方公分的水進鍋，等牠沸了，把肉絲放進去，同時放進二錢五分鹽，蓋起鍋蓋。等牠再沸，用羹匙除去血沫，加入二兩五錢醬油，讓牠煮三十分鐘，再把切好的千張放入，使牠蓋在肉上，再加進三錢熟豬油。每五分鐘調拌一回，等到千張的顏色變成紅褐色，湯也要乾了，把葱加入就成了。

【注意一】火要先大後小。

【注意二】肉要肥的多於瘦的。

【附註】千張一名薄葉，在豆腐店裏出賣。

豆腐果燒肉

【原料】豬肉（一斤），豆腐果（十八隻每隻長一寸闊一寸是四方的立體）（見附註），醬油（二兩），鹽（二錢五分），水。

【調製法】

（一）把豆腐果放在沸水裏煑十分鐘，撈出，這樣可除去豆腐果上的豆油氣，再切成幾段。

（二）把肉洗一遍，切成一塊塊的，（每塊大約一寸長半寸闊二分厚，）再洗一遍，然後放進鍋。同時放進1000立方公分的水。等沸後，把血沫除去，放入一錢鹽和醬油，蓋起鍋蓋讓牠煑，每一刻鐘調拌一回。等水快要乾的時候，把煑過的豆腐果放進，加入一錢五分鹽，再煑十分鐘，就成了。

【注意】火要不大不小。

【附註一】豆腐果是用豆腐炸成的，顏色是黃的。豆腐果有四方的，有三角形的，有長方形的。因爲各地做的大小不同的緣故，所以這裏特別註明形狀和大小。

【附註二】把蘿蔔切去皮，洗乾淨，切成一塊塊的，在肉將熟的時候，放進去一同燒，就成了蘿蔔燒肉。其牠各種燒肉方法大概一樣。

麵筋包肉

【原料】麵筋（二十個約三兩），豬肉（半斤），醬油（一兩三錢），豬油（三錢），鹽（一錢五分），鷄蛋（一個），藕粉（一錢），葱水。

【調製法】

（一）先把豬肉洗一遍，切成一塊塊的，再洗一遍，然後斬碎成肉丁，盛在一個碗裏，加入八錢醬油，一錢五分鹽和一個調均的鷄蛋。調拌一下，再把藕粉和一點水調拌均勻倒進肉碗去。再調均。

(二)用乾布把麵筋面上擦擦，用筷子把麵筋皮上挖一個洞，再把調製好的肉醬裝入。可是不能裝滿，只要裝三分之二的肉就行了。把麵筋都裝好。

(三)放 1000 立方公分的水進鍋，等沸後，把裝好肉的麵筋和鹽放進去，等牠再沸，用羹匙把血沫除去。加入五錢醬油和三錢豬油，讓牠煮二十分鐘，加入少許葱葉，就成了。

【注意一】麵筋不能弄潮，否則挖洞很不容易。

【注意二】火要不大不小。

【注意三】藕粉不可和過多的水，要不然調和到肉醬裏，使肉醬太稀了，不容易裝進麵筋。

藕絲炒肉絲

【原料】藕（一斤），瘦豬肉（半斤），鹽（一錢五分），醬油（一兩五錢），藕粉（一錢），豆油（一兩），水。

【調製法】

(一)先用鉋子把藕皮鉋去，用水把藕洗乾淨，切成一片片的，再切成一絲絲的。

(二)放五錢豆油進鍋，等牠熬老，把切好的藕絲放進去，調拌後，放入鹽，炒十分鐘就盛出來。

(三)把瘦豬肉切成片，再切成絲，洗乾淨，放在碗裏。調進一兩五錢醬油，再加入一錢藕粉，調拌好。

(四)放五錢豆油進鍋，等牠熬老，把調拌好的肉絲放入，用筷子不斷的調拌。等到肉變了顏色，卽刻把已經炒好的藕絲拌進去，再放進 100 立方公分的水，炒十分鐘，就成功了。

【注意一】 調製的時候火要大，尤其在炒肉絲時，火要最大。

【注意二】 藕要老的好，因爲老藕含粉最多。

洋葱炒肉絲

【原料】　洋葱（半斤），半肥瘦豬肉（四兩），醬油（九錢），鹽（一錢五分），豆油（一兩）。

【調製法】

（一）先把洋葱外面的皮剝去一層，用刀把每個洋葱的兩頭，切去少許。洗一遍，切成一絲絲的，再洗一遍。

（二）把肉洗一遍，切成片，再切成絲。洗一遍，和六錢醬油調拌了。

（三）放五錢豆油進鍋，等牠熬老，把肉絲放進去炒，用筷子調拌，炒五分鐘就盛出。

（四）放五錢豆油進鍋，等牠熬老，把切好的洋葱絲放進去妙，用筷子調拌，加進一錢五分鹽和三錢醬油。炒了五分鐘，把已經炒好的肉絲拌入，再炒五分鐘就熟了。

【注意一】　炒肉絲，炒洋葱火都要大。

【注意二】　切洋葱和剝洋葱的時候，眼睛要離得遠些，否則要流眼淚的。

紅燒牛肉

【原料】　牛肉（二斤），醬油（四兩），鹽（二錢五分），水。

【調製法】

（一）把牛肉放在清水裏洗幾遍，用刀切成一寸正方的方塊。再洗一遍，放進鍋，加入900立方公分的水，下面用大火燒。等到沸時，湯面上浮滿了肉色的血沫，應該立刻用灼子把牠除去。如果在這時不除去，牠就會化在湯裏，取不出來了。除去後，加進四兩醬油和二錢五分鹽，用大火再煮三十分鐘，改用小火慢慢的燒兩小時，肉就會熟了。如果牛肉老，可以再加些水，讓牠多煮一點鐘或一點半鐘。

【注意】　火要先大後小。

【附註】　如要放酒，可在去沫後加入。其實已經沒有腥氣了，可以不必放酒。

水。

炸豬排骨

【原料】豬排骨（一斤）（見附註），豆油（一斤），醬油（一兩三錢），鹽（三錢），糖（二錢），藕粉（一錢），

【調製法】

（一）先把排骨洗一遍，切成兩寸長的段，再洗一遍，盛在碗裏，加入一兩醬油二錢鹽，一錢藕粉，調拌均勻。

（二）放豆油進鍋，等牠熬到沒有絲毫泡沫的時候，才能把排骨一塊塊的放進去（所剩的醬油湯不可倒入）。大約等十分鐘，牠就炸成了微黃的顏色，把牠從油裏撈出。剩下的油倒出，留着做別種用處。

（三）把浸排骨的醬油湯裏加 300 立方公分的水，三錢醬油和一錢鹽，然後倒下鍋去。再把炸好的排骨放進去，等牠沸時，把糖放入，約再等十五分鐘，排骨湯已成很濃的液

汁，就可以吃了。

【注意一】炸排骨和滷排骨的時候，火要大。

【注意二】糖的份量本不可一定，須經嘗試後再定多少。

【附註】豬排骨是豬背脊左右的長條骨頭，本連肥肉，可是炸排骨不要肥肉。

第二章　雜件的調製法

炒腰花

【原料】　豬腰（豬腎）一付（即二個），豆腐乾（一塊約一兩），醬油（八錢），猪油（五錢），藕粉（二錢），葱（隨意）。

【調製法】

（一）先把豬腰用刀切成兩半，就會見中間有一片片紫紅色的東西，這是要用刀切去的。如果不除去，炒出的腰花就不好吃。然後照圖二的手續把腰子面上切成一條條的紋，可是不能切斷。再照圖中第三道手續交叉着切成一條條的紋，每隔四五條紋切斷一次。然後用水浸一小時撈出，加入八錢醬油。

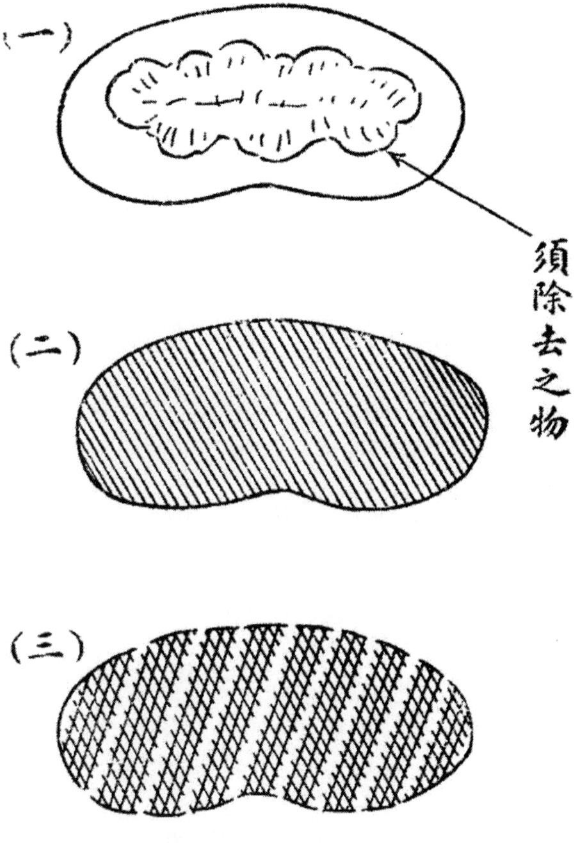

(1) 腰子的剖面
(2) 第一道手續
(3) 第二道手續

(二)把豆腐乾切成一片片的，洗一遍。同時用 20 立方公分的水把藕粉溶在一小碗裏。

(三)放五錢豬油進鍋，等到熬老，把拌好的豬腰倒進去，用筷子不住的調拌。立刻把藕粉水倒進去，再加入豆腐乾片和少許的葱，就成了。

【注意一】調拌不能住手。

【注意二】火要大，否則炒得不好吃。

炒豬肝

【原料】豬肝（半斤），鹽（一錢五分），醬油（一兩），豆腐乾（一塊），藕粉（一錢），豆油（一兩），葱（隨意），黃酒（三錢）。

【調製法】

（一）先把整塊的豬肝洗一遍，切成半分厚的薄片，再洗兩遍，盛在碗裏。把鹽和醬油加入，調和均勻，再把藕粉調進。

（二）把豆腐乾切成薄片，洗一遍。

（三）放豆油進鍋，等熬到沒有沫的時候，把豬肝放進去炒。用筷子不斷的調拌，大約等兩三分鐘，豬肝變了顏色，又把黃酒加進去，過兩分鐘，再把豆腐乾片加進。不住的調拌，大約再炒五分鐘，放些葱，就成功了。

【注意】炒豬肝時火要大，否則炒得不嫩，不好吃。

紅燒豬肚

【原料】豬肚一個（一斤四兩左右），鹽（二錢五分），醬油（一兩五錢），糖（二錢），黃酒（二錢），水。

【調製法】

（一）把豬肚用水冲洗一遍，放在盆裏。然後用鹽來擦黃顏色的一面，這是豬肚的內部，非常髒，擦過後，用水洗一遍，用鹽擦一次，再把全部用清水洗兩遍。

（二）把豬肚放進鍋，加入水使剛滿上豬肚，然後用火燒。到沸的時候，立刻把湯水倒掉，把豬肚取出。用刀把豬肚面上的一層白顏色東西刮去，洗一遍，放進鍋去，再加入 800 立方公分的水煮。

(三)等牠沸時，用羹匙把湯上的沫除去，加入二錢五分的鹽和一兩五錢醬油和二錢酒。大約再煮一小時半，湯已經沒有多少了，就可以把二錢糖加入再煮半小時以上，湯已經要乾了，用竹筷在豬肚上一戳就是一個洞，表示已經熟了，就可以撈出。切成一片片的用濃厚的豬肚湯浸着，就可以當菜吃了。如果竹筷不能很容易的戳破豬肚，就是表示還沒有熟，應該再加些水，讓牠煮熟。

【注意一】豬肚由肉店裏買來，黃的一面（髒的一面）是在外面，這是已經翻過的緣故。

【注意二】豬肚剛沸時，就要立刻取出，把面上的白色物刮去，鍋裏的湯不要了。如果讓牠去沸騰，不去管牠。豬肚裏的油都溶到要倒掉的湯裏去了，那麼這次燒起來的豬肚就不會好吃。

【注意三】豬肚上的那層白色物必須刮去。

【注意四】燒豬肚在加入鹽等以後，就要用中等的火力來燒。在放鹽以前，必須用大火。

燒豬腸

【原料】豬的大腸一付（三斤），醬油（二兩），鹽（五錢），黃酒（三錢），水。

【調製法】

（一）先把腸子用水沖洗一遍，放在盆裏用清水稍洗一洗，就把腸子翻一個面，把另一面洗一洗，再把水倒去。放進兩三匙麵粉，用手來搓豬腸，再把豬腸翻一個面，又加入些麵粉，再搓一會兒，然後用清水洗去麵粉。照前面的方法，再用麵粉把豬腸的內外搓擦一遍，用清水洗乾淨。

（二）把腸子用刀切成三四分長的小段，放進鍋，加入 1000 立方公分的水，讓牠煮。等牠沸了，用羹匙把湯上的沫除去，加入醬油、鹽和酒，蓋起鍋蓋來讓牠煮。大約煮三小時，湯就要乾了，同時豬腸已熟透。

【注意】最初用大火燒，在放醬油以後，火就不要太大了。

【附註】腸子有大腸和小腸的分別，這裏指的是大腸。如果要燒全副大小腸，就要在洗乾淨後，都切成一尺長的段，把小腸套在大腸裏，然後入鍋煮。等沸時，把大小腸取出，切成幾分長的小段，換水再燒。

香腸

【原料】 豬的小腸一付，半肥瘦的豬肉，醬油，鹽。

【製法】

(一)先用水把小腸的內外洗一遍，再拿些鹽和麵粉來擦牠，一面用手搓洗，然後用清水把腸子的內外洗兩遍；就乾淨了。用刀把腸子切成一尺長的段。

(二)把豬肉洗一遍，切成一塊塊的，大約三分厚，三分闊，一寸長。再洗一遍，放在碗裏。然後調入醬油和鹽。

(三)把小腸的一頭用綫紮起來，用竹筷把蘸有醬油的肉由另一頭塞進去，到快要滿的時候，把肉碗裏的醬油灌進去一些，再用線把這一頭也紮起來，就成了。其牠的豬腸段也照這樣做法。

(四)大約過一星期以上，就可以吃了。吃的方法是把腸子洗一遍，放在碗裏在悶飯的時候，放在飯鍋裏蒸，等飯熟時，牠也熟了，然後切成一片片的，就可以吃了。

【注意】這種香腸祇能在春，秋冬三季做。在夏季因爲天氣太熱，所以容易壞掉。

【附註一】在裝香腸的時候，可以放少許的花椒進去。

【附註二】把香腸盛在碗裏，放在熱水鍋裏蒸，也是一樣的。

第四章　鷄鴨的調製法

紅燒栗子鷄

【原料說明】買一隻大約四斤半重的肥胖公鷄或母鷄，可做三樣菜：一樣是炒鷄雜，一樣是炒鷄片，一樣是紅燒栗子鷄。這隻鷄去毛後大約有四斤重。取五兩胸脯的肉來炒鷄片。牠的內臟大約有八兩重，用來炒鷄雜。餘剩的約有三斤三兩做紅燒栗子鷄。這是最經濟的辦法。

【原料】肥胖鷄一只（約四斤半重除去半斤鷄毛五兩胸脯肉和八兩鷄雜、餘下三斤三兩左右）栗子三十個，鹽（五錢），醬油（二兩五錢），黃酒（四錢），水。

【調製法】

（一）把鷄的喉嚨管部份的細毛拔掉，用刀把牠的喉嚨管割斷，使血滴完，然後把死鷄放在一個盆裏用沸水泡浸着，一面用手先拔去牠的翅膀上和尾巴上的硬羽毛。再把牠全身的毛羽完全拔下，必定要拔得乾乾淨淨。然後用刀把牠的胸腹破開，把牠的肝、肺、心、膽、肫、腸等完全拉出。最要小心的就是有一個黑色的膽，不可以弄破，否則味道會苦的。然後用清水洗，大約洗三四次，再用刀把牠胸脯部份的肉取出（皮不要用來燒別的菜。剩餘的鷄肉、腿、頸、頭、翅膀用刀斬成一段段的，大約一寸長。

（二）把栗子從殼裏剝出來，用沸水泡一泡，剝去牠的衣，然後洗一遍。

（三）把鍋裏放 1500 立方公分的清水，然後把切好的鷄放進去隨着又放進五錢鹽等牠沸時，用調羹把湯上的血沫除去，然後把二兩五錢醬油和燒酒放進去，讓牠煮。大約煮到五成熟，把栗子加進，再煮到湯快要乾的時候，栗子和鷄都熟了。

【注意一】　須注意鷄的膽，不可以抓破。

【注意二】　鷄剛進鍋時，火要極大，等到除去血沫以後，就要改用小火繼着煮。等到栗子進鍋以後，又要用大火煮。再過一會又改用小火，一直到熟透。

【附註】紅燒鴨的方法與雞大概相同，普通多不放栗子，烹調法不再寫出。

炒雞片

【原料】雞脯肉（五兩）（見附註），醬油（一兩），鹽（一錢五分），木耳（隨意），香菰（隨意），豆腐乾（一塊），豬油（一兩），藕粉（一錢）。

【調製法】

（一）把雞脯的肉洗乾淨，切成一片片的；然後和藕粉調和均勻。

（二）把木耳用一個碗盛着，然後加入沸水，使牠脹開。把不好的除去，再把好的從水裏撈出來，洗一次。

（三）把香菰放在一個碗裏，用開水浸着，等牠脹開，把牠從水裏撈出，切成一絲絲的。

（四）把豆腐乾切成薄片，用冷開水洗一次。

（五）放豬油進鍋，等牠熬老，把雞片放進去炒，一面調拌，同時把鹽和醬油加入。大約炒三分鐘，再把豆腐乾片、木耳和香菰調進，再炒五分鐘，即成功了。

【注意一】炒鷄片的時候火要極大。

【注意二】泡香菰的湯是很鮮的，可用來煮豆腐，不可以倒掉。

【附註】鷄脯肉就是鷄胸腹部份的肉，這裏用的，不要皮。

白切鷄

【原料】鷄肉（約半隻）（重約一斤），醬油，水。

【調製法】

（一）先把鷄肉洗乾淨，斬成三段。

（二）放 1000 立方公分的水進鍋，然後把切成的大塊鷄放進去煑，等牠沸了時，把血沫用羹匙除去，讓牠再煮。大約煑兩小時，就熟了。

（三）一大塊鷄撈出來，切成一片片的，蘸醬油吃，非常鮮美。剩下的湯，就是非常的鮮美的鷄湯。

【注意】必須用清煑，否則不成白切鷄。

【附註】不必一定要蘸醬油吃，還可蘸肉丁醬或蒜泥吃。

炒鷄雜

【原料】一隻鷄的鷄雜（包括雞肝、心、腸、肫乾、除去鷄肺、膽等）。醬油（一兩），豬油（一兩），鹽（一錢五分），藕粉（一錢），豆腐乾（一塊），木耳（隨意），燒酒（少許）。

【調製法】

（一）先把雞肝、心、腸、肫乾等，洗一遍，然後再照下面的方法洗乾淨：雞肫乾，必須先用刀切開，把牠裏面的髒東西翻出來，再把緊貼髒東西的一層肫皮揭下來丟掉。然後用清水沖洗，再用鹽把牠的裏外擦兩遍，用水洗一遍就成了。雞腸必須先把裏面的髒東西擠出來，然後用剪刀剪開，洗一遍，用一錢鹽把腸子搓洗一遍，再用清水漂洗。照這樣一共擦三次鹽，漂洗三次。鷄心祇要切成兩半，洗兩三遍，就行了。鷄肝也祇要漂洗三次就行了。

(二)把洗乾淨的鷄肫乾，切成三分之一分厚的薄片。把鷄肝和鷄心也切成大約半分厚的小片。把鷄腸切成半寸的小段。然後把牠們和一錢藕粉，一兩醬油，一錢伍分鹽調拌均勻。

(三)把木耳用沸水泡開，把髒的和壞的丟掉，撈出來，用冷開水再洗兩遍。

(四)把豆腐乾切成一片片的小薄片，用冷開水洗一遍，濾去水。

(五)放豬油進鍋，等牠熬老，把調拌好的鷄雜放進去炒，用筷子不斷的調拌，大約五分鐘就把黃酒放進去。大約再等一分鐘，把豆腐乾片和木耳調進去，大約再炒四分鐘就成功了。

【注意一】 炒鷄雜的時候火要極大。

【附註】 炒鴨雜和鷄雜大概相同，不再另外寫一篇。

第五章　魚蝦蟹的調製法

燒黃魚

【原料】黃魚(一條一斤)，豆油(一兩五錢)，醬油(一兩二錢)，葱(隨意)，鹽(二錢五分)，水。

【調製法】

(一)先把魚鱗用刀刮去，再把牠的肚子破開，用手細心的把牠肚裏的東西都挖出來，頭部的魚鰓可用剪刀剪去。然後洗一遍，拿二錢五分鹽把這魚的裏外都擦一遍。擦了鹽，燒起來魚肉就不容易散碎。例如在上午十時擦鹽，要到下午四時纔可以燒。

(二)放一兩五錢豆油進鍋，熬老後，把擦過鹽的魚放下去炸，當炸到底面有些黃了的時候，把魚翻個身，等再炸得有些黃的時候，加入一兩二錢醬油和 350 立方公分的水，再把鍋蓋蓋上，用不大不小的火燒。大約燒三十分鐘，加入少許的葱，就成了。

【注意一】 火要不大不小。

【注意二】 破魚肚最要小心，魚膽是不能割破的，割破了整個魚都是苦的。

【附註】 整個的魚如果燒起來不方便，可以分爲兩三段燒。

燒鯽魚

【原料】 鯽魚（一斤），豆油（一兩五錢），醬油（一兩二錢），鹽（二錢），黃酒（二錢），糖（二錢），葱，水。

【調製法】

（一）先把買來的魚，用刀刮去魚鱗，然後把牠的肚子破開，用手把牠的內臟都很小心的取出，再用剪刀剪去牠的鰓。用清水把牠洗兩遍，再用刀在牠身體的兩面切幾條縫。

（二）放豆油進鍋，等牠熬老，把鹽放進去，立刻又把魚放進去煎。等牠的一面炸得有些黃了，就用鍋鏟把牠翻一個身，炸另一面。到再炸得有些黃了的時候，把醬油，黃酒和

200立方公分的水加入，蓋起鍋蓋來讓牠煮過一會，把魚再翻一個身，加入糖和葱。再燒五分鐘，就熟了。

【注意一】火要大

【注意二】在破魚肚的時候，魚膽絕不能弄破，否則魚的味道是苦的。

醃鱖魚

【原料】鱖魚（一個一斤），鹽（五錢），水，豆油（一兩），醬油（五錢），葱。

【調製法】

（一）先把鱖魚的鱗刮掉，把魚鰓剪去，再把魚肚破開，把腸、膽等東西一起挖掉，用水洗乾淨，再切成三段，取五錢鹽把魚的裏外擦一遍，剩下的鹽和100立方公分的水。把擦過鹽的魚放在一個鉢子裏，把鹽水倒下去。第二天把魚翻一個身，以後每兩天翻一回，醃了十天，有些臭味，就算醃好了。

（二）把鰱鱖魚洗一遍。

（三）放豆油一兩進鍋，等到熬老，把魚放進去煎，立刻加入300立方公分的水和五錢醬油，讓牠煮二十分鐘，再加入少許的葱就成功了。

【附註】 在冬夏兩季鰱鱖魚不大好，最好在春秋兩季鰱。因爲冬天的氣候不容易使牠發生少許的臭味，夏季的氣候很容易使牠腐敗。

炒魚片

【原料】 黃魚（一尾重一斤），醬油（一兩），鹽（二錢），筍（隨意），藕粉（一錢），黃酒（二錢），豆油（一兩二錢）。

【調製法】

（一）照前面燒黃魚一文裏的方法，把黃魚去鱗，破肚，剪鰓和洗淨後，用刀把魚頭和魚尾切去，再把魚皮刮去，把骨頭都取出來，用刀把魚肉切成一片片的，盛在碗裏，調入藕粉。

(二)把竹筍的皮剝去，用刀切成一片片的，洗一遍。

(三)放豆油進鍋，等到熬老，立刻把鹽魚片和筍片倒進去，不斷的調拌，再加入醬油和黃酒，大約再炒十分鐘就熟了。

【注意】火要大。

【附註】各種魚片都可以照炒黃魚片的方法炒。

炒蝦

【原料】蝦(半斤)，鹽(一錢)，醬油(八錢)，豆油(一兩)，黃酒(二錢)，

【調製法】

(一)先把蝦用水沖洗一次，然後放進盛清水的大缽裏，讓蝦游蕩吐出髒物。過幾小時，把蝦一個個撈出來，用剪刀把牠的脚、鬚和尾部的殼剪掉，然後放在有蓋的磁罐裏。

(二)放豆油進鍋，等牠熬老，立刻把蝦放進去炒，用筷子不斷的調拌，同時加進鹽、醬油和酒。大約炒十五分鐘，就熟了。

【注意一】火要大。

【注意二】池塘裏的蝦子，身上多帶着對人有害的微生物，所以炒的時間至少要十五分鐘，完全殺滅微生物，我們吃了纔會安全。

炒蝦仁

【原料】蝦（半斤）豬油（八錢），鹽（二錢），黃油（一錢）。

【調製法】

(一)先照前面炒蝦一文裏的第一步調製法把蝦洗乾淨，然後把蝦頭用剪刀剪掉，由蝦的腹部剝開蝦殼，把蝦肉擠出來，盛在碗裏。全部剝出來。

(二)放豬油進鍋，等到熬老，立刻把蝦仁放進去炒，用筷子不住的調拌，同時放進鹽和黃酒，大約炒十分鐘，就成功了。

【注意】火要大。炒的時間不能太短，因爲蝦仁上常帶有對人有害的微生物。

【附註】本篇所說的是炒蝦仁最簡單的方法。再要炒得更好吃些，必定要加些配料。普通用的是筍或者新鮮的嫩蠶豆炒的時候，筍片和蠶豆瓣要先進鍋，過一會，再放蝦仁。

煮螃蟹

【原料】螃蟹（隻數多少隨意），醬油或醋，薑末。

【調製法】

(一)先把螃蟹放在盛清水桶裏，用刷刷洗，然後換一桶水浸着牠，使牠吐出髒物，大約浸兩小時，等用。

(二)放清水進鍋，煮沸，把螃蟹一隻隻的放進去，立刻蓋起鍋蓋，讓牠煮。等再沸後十分鐘，就熟了。

（三）把蟹撈出，剝去殼，拿蟹肉蘸醬油或醋吃都可以。在醬油裏放些薑末蘸着吃，也可以。

【注意一】　死螃蟹不可以吃，並且螃蟹不能多吃。

【注意二】　怪模樣的螃蟹不可以吃，防備中毒。

第六章 雞蛋的調製法

炒雞蛋

【原料】雞蛋（四個），鹽（一錢），醬油（三錢），豆油（一兩二錢），葱（隨意）。

【調製法】

（一）拿四個雞蛋，把殼打碎，再把蛋黃蛋白放在一個碗裏，加入二錢醬油，一錢鹽和葱，用筷調拌均勻。

（二）把一兩二錢豆油放進鍋，等到熬老，把調好的雞蛋倒進去。用筷子如同夾菜的樣子在中間夾，可是不能把雞蛋弄到鍋邊上，因爲鍋邊上沒有油，牠會黏住的。等到雞蛋稍硬了，再用筷調拌，一二分鐘後卽熟了。

【注意一】炒蛋要炒得鬆軟方算成功。

【注意二】筷子要不停的調拌，防備炒焦。

【附註】如果把韮菜切成三四分長的小段，調在鷄蛋裏炒，味道是很不錯的。

荷包蛋

【原料】鷄蛋（個數隨意），鹽（隨意），豬油（每個鷄蛋約須三錢油）。

【調製法】放三錢油進鍋，等牠熬老，把鷄蛋打破殼，使蛋黃和蛋白下鍋，立刻撒少許的鹽到蛋黃上面。祗等蛋白煎得有些黃了，立刻用鍋鏟很快的把蛋白挑起來，蓋在蛋黃上，就成半圓的形狀，然後翻一個邊，使兩面都煎得微黃，就成功了。全部過程大約五分鐘。

【注意一】翻鷄蛋的時候，手術敏捷，蛋黃可以保持完整。否則蛋黃必被弄破，和蛋白混在一堆。

【注意二】煎的時間要注意，決不能把蛋黃煎老。大約煎得蛋黃四週稍微凝固，而內部未凝結最好。

【注意三】煎蛋時，火要不大不小。

【附註】在雞蛋翻成半月形以後，可以加入少許的醬油。

糖心雞蛋

【原料】雞蛋（多少隨意），水。

【調製法】放水進鍋，等到沸時，把雞蛋整個的放進去煮五分鐘，就取出來，剝掉殼就可以吃了。

【注意】煮雞蛋的時間不能超過五分鐘，否則蛋黃要全部凝固了。

【附註】照這個方法吃雞蛋是最衞生的，對於身體的益處很大。如果覺得難吃，可以夾幾粒鹽吃，可是要注意，不可以煮老了吃，因爲照那樣吃法，寶貴的養料會要失去很多

茶葉蛋

【原料】 鷄蛋，紅茶葉，鹽，水。

【調製法】 先把鷄蛋洗乾淨，放進鍋。再放水進鍋，使鷄蛋剛好浸在牠裏面。然後放在爐上燒。燒到水沸的時候，立刻把鷄蛋撈出，浸在冷開水（沸過的冷水）裏兩三分鐘，又撈到鍋裏去煮五分鐘，再撈出浸在冷開水裏兩三分鐘。然後把鷄蛋撈出來，把殼敲得有些裂紋，再放在別的鍋裏，加入清水，紅茶葉和鹽。大約再煮半小時，蛋已經煮成了黃橙的顏色，有種種的香氣噴出來就成功了。

【注意一】 鷄蛋經過幾次冷熱水，能使蛋黃鮮嫩好吃。當第一次沸時，必須立刻撈出浸在冷開水裏，否則蛋黃必定要老。

【注意二】 經過冷熱水的鷄蛋，實行最後一次的烹調時，蛋殼一定要敲碎，否則茶葉和鹽的味道不能跑到鷄蛋裏去，就不好吃。

燉鷄蛋

【原料】 鷄蛋（兩個），醬油（兩錢），鹽（一錢），熟豬油（三錢），水。

【調製法】

（一）先把鷄蛋殼打碎，使蛋黃和蛋白留在大碗裏，用筷子調均，然後加入150立方公分的冷開水，醬油，鹽和豬油。再用筷子調和一遍。

（二）把鷄蛋連碗放到鍋裏去，再放相當的清水進鍋，圍在碗的四週，然後蓋起鍋蓋，用火燒。大約在水沸後十五分鐘，鷄蛋燉得和嫩豆腐一樣，就成功了。

【注意】 燉的時間太短了，鷄蛋還沒有凝固，不好吃。如果燉得時間太長，鷄蛋就燉得太老了。

【附註一】 把煮熟了的火腿切碎，放在鷄蛋裏燉，非常好吃。

【附註二】 燉鴨蛋的方法是一樣的。

【附註三】 也可也把雞蛋放在飯鍋裏燉，不過燉的時間要注意，否則燉得不好吃。

第七章 綠色菜蔬的調製法

炒青菜

【原料】 青菜（一斤），豆油（一兩一錢），鹽（一錢五分），水。

【調製法】

（一）把青菜洗乾淨，切成半寸長的小段。

（二）把豆油放進鍋，等到熬得油面上沒有黃沫的時候，油的煙轉着圈子向外跑，纔能放菜進去。如果不熬老，炒出的菜會有一股豆油氣。放進菜後，立時加入一錢五分鹽和100立方公分的水。用筷子不住的調拌，不要蓋鍋蓋。五六分鐘後，一鍋生菜變成小半鍋了，再炒十分鐘就成了。

【注意】炒菜不蓋鍋蓋，是炒菜的法訣，否則炒出的菜一定是黃

【附註】如果能放一點味精到青菜裏去，味道會更好。

炒菠菜

【原料】菠菜（一斤），豆油（一兩），鹽（二錢五分）。

【調製法】

(一)把菠菜洗乾淨，放在籮裏，大約經過一小時，菜上的水完全滴了出來。

(二)把豆油放進鍋，等牠熬老，再把菠菜放進去，用筷子調拌，隨着把鹽加入。大約炒十分鐘就熟了。

【注意一】火要大。

【注意二】菠菜上的水如果不滴完，炒熟時會有很多的湯。

炒芹菜

【原料】芹菜（一斤），豆腐乾（一塊），豆油（一兩），鹽（二錢），醬油（五錢）。

【調製法】

（一）把芹菜根切掉，把芹菜葉除去，洗乾淨後，切成一寸長的小段。

（二）把豆腐乾橫切成三片，再切成絲，洗乾淨。

（三）把豆油熬老，加入鹽，再把芹菜放進去，用筷子調拌，放進豆腐乾絲和醬油，再炒兩三分鐘，就成了，

【注意】火要大。

炒甘藍菜

【原料】甘藍菜（一斤），豆油（一兩），鹽（二錢五分），水。

【調製法】

(一)先把甘藍菜洗一遍，切成四分闊的小片，再洗一遍。

(二)放豆油進鍋，等牠熬老再放菜進鍋，用筷子調拌，同時加入二錢五分鹽和 100 立方公分的水。不停的調拌十分鐘，就成功了。

【注意】 火要大。

炒莧菜

【原料】 莧菜（一斤），豆油（一兩），鹽（二錢五分），

【調製法】

(一)先把莧菜的莖檢老的丟掉，大約還剩十二兩。再將每根莧菜抖抖，如果菜裏有蟲都可以抖掉。洗兩遍，等用。如果莧菜很長，可以切成兩三段。

(二)放豆油進鍋，等熬老時，加入一錢鹽和莧菜，用筷調拌一會，菜都萎縮了，再加入一錢

五分鹽，炒三四分鐘，就熟了。

【注意】莧菜要嫩的好。

【附註】鹽比菜先下鍋，可以使油的熱度減低，繼着放菜，油不至於炸。

炒韮菜花

【原料】韮菜花（半斤），豆油（一兩），鹽（二錢），醬油（八錢）。

【調製法】

（一）先把韮菜花洗一遍，切成一寸長的小段，再洗一遍。

（二）把豆油放進鍋，等牠熬老，就把韮菜放進去炒，用筷子調拌，立刻放鹽和醬油進去，再炒十分鐘就成功了。

【注意】火要大。

【附註】韮菜花就是開花的韮菜。

醃菜（一）

【原料】 青菜皮（二斤）（見附註）鹽（一兩），水。

【醃法】

（一）把黃的菜皮去掉。綠色的洗乾淨等用。

（二）買一兩粗鹽，大約六個銅元，放在一個大碗裏，加入300立方公分的水把鹽溶化了，等用。

（三）把洗乾淨的菜皮放在一個缽裏，把鹽水都倒下去，再把菜皮翻翻，隔了五六小時再去翻一回，在菜的上面加一個盤子壓在菜上面。盤子的上面放一缽水，這時菜缽裏的鹽水都滿到菜上，過一星期，醃菜便成了。（炒法見後）。

【附註】 青菜皮是平日吃的青菜的外皮，可以做醃菜，

醃菜（二）

【原料】蘿蔔葉（一斤半），鹽（三錢）。

【醃法】

（一）把蘿蔔葉洗兩遍，然後用刀切成大約三分長的小段，放入一個大鉢裏，撒三錢鹽到蘿蔔葉上面，用手盡力的壓搓，到蘿蔔葉出水爲止。然後用一個盤子壓在上面，盤子上再壓一大碗水。今天醃，明天就可炒了吃。（炒法見後）

炒醃菜

【原料】醃菜（一斤），豆油（一兩）。

【調製法】

（一）先把醃菜洗一遍，切成二分長的小段，等用。

（二）放豆油進鍋，等牠熬老，把醃菜放進去，用筷子調拌，炒十分鐘就熟了。

【注意】火要大。

第八章　其牠蔬菜的調製法

燒洋山芋

【原料】洋山芋（一斤），葱（隨意），醬油（五錢），豆油（八錢），鹽（一錢五分），水。

【調製法】

（一）先用水把洋山芋上的泥洗去，然後用刀切去皮或者用鉋子把皮鉋去。斜着把牠切成一塊塊的，再洗一遍等用。

（二）先放八錢豆油進鍋，等到熬老，加入一錢五分鹽，立刻把切好的洋山芋倒進去，用筷子調拌五分鐘，放進400立方公分的水和五錢醬油，調拌一下，蓋起鍋蓋讓牠煮，每五分鐘調拌一次，等湯乾的時候，放一些葱碎就成功了。

【注意】火要大。

【附註】洋山芋的學名叫做馬鈴薯。

紅燒芋頭

【原料】芋頭（一斤），醬油（一兩），鹽（二錢），豬油（八錢），水。

【調製法】

(一)先把芋頭洗一遍，放進鍋，加入水，剛剛浸着芋頭就行了，然後用火燒。等沸後，把湯倒掉，取出芋頭，用手把皮剝掉。再用刀把芋頭切成一塊塊的，等用。

(二)放芋頭進鍋，加入600立方公分的水和鹽，然後讓牠煮。等沸後，把醬油和豬油也放進去，大約再煮二十分鐘，湯就要乾了，芋頭也燒好了，

【注意】燒芋頭時，火不能太大。

【附註】在芋頭熟時，可以加入些葱。

【附註二】少放醬油，多放些水，就成了清湯芋頭。

炒蘿蔔絲

【原料】蘿蔔（一斤），鹽（二錢五分），熟豬油（六錢），葱。

【調製法】

（一）把整個的蘿蔔洗一遍，用刀把皮切掉，再洗一遍，然後切成片，再切成絲，用鹽調拌了。

（二）放豬油進鍋，熬老，把蘿蔔絲放進去炒，用筷子調拌，大約炒十分鐘，放些葱，就成功了。

【注意】炒蘿蔔絲火要大。

【附註】也可以放些醬油。

燒茄子

【原料】茄子（一斤），醬油（八錢），鹽（一錢），豆油（一兩二錢），生薑（少許），水。

【調製法】

(一)先把茄子洗乾淨，把有柄的一頭切掉半寸，再切成一塊塊的，洗一遍。

(二)把豆油放進鍋，等牠熬老，把切好的茄子放進去。用筷子調拌，加入鹽、醬油和300立方公分的水，讓牠煮十五分鐘。調拌一下，加入少許生薑片，再煮十分鐘就熟了。

【注意一】 茄子要嫩的好，因爲老的有很多子，不好吃。

【注意二】 燒茄子須用大火。

燒黃瓜

【原料】 黃瓜(二斤)，豆油(一兩)，醬油(五錢)，鹽(二錢五分)，水。

【調製法】

(一)先把黃瓜洗乾淨，用鉋子把皮鉋掉，然後把每根都切成兩半，把瓜子挖掉，切成一片片的，每片大約二分厚，再洗一遍。

(二)放豆油進鍋，等熬老的時候，放進二錢五分鹽，再把黃瓜放進去，立刻調拌，大約炒十分鐘，放進 400 立方公分的水和五錢醬油，再讓牠煮二十分鐘，湯快要乾了，黃瓜也熟了。

【注意】火要不大不小。

煮南瓜

【原料】南瓜（一斤），豬油（八錢），鹽（二錢五分），水。

【調製法】

(一)把南瓜皮用刀切掉，然後剖開，挖去瓜瓤，洗一遍，切成一寸長半寸厚半寸闊的長方塊，再洗一遍。

(二)放豬油進鍋，等牠熬老，把南瓜塊放進去，立刻用筷子調拌，加入鹽和 500 立方公分的水，蓋起蓋來煮。等沸時，用筷子調拌一次，再蓋起蓋來煮，直煮到熟透為止。

【注意】火要大。

【附註】南瓜最好要老的，因爲老的燒起來有些甜味，非常好吃，

炒辣椒

【原料】辣椒（十二兩），豆油（一兩），鹽（一錢），醬油（一兩），豆腐乾（一塊）。

【調製法】

（一）先把辣椒柄塞到辣椒裏去再拉出來，柄就帶了許多辣椒子出來了，柄和子都是不要的。把空辣椒放到盆裏去洗一遍，取出，用刀把牠切成一絲絲的，再洗一遍。

（二）把豆腐乾橫切成三片，再直切成絲，洗一遍。

（三）放一兩豆油進鍋，等熬老，把切好的辣椒絲放進去，用筷不住的調拌，再加入一錢鹽，一兩醬油，炒五分鐘，加入切好的豆腐乾絲，就成功了。

【注意一】辣椒裏常有蟲躲着，要留心。

【附註】切過辣椒以後，手往往會覺得辣痛，總要兩小時纔會好。又因爲牠對身體沒有什麽益處，反而能刺激人的胃腸，所以最好少吃。

炒綠豆芽

【原料】綠豆芽（半斤），鹽（一錢五分），豆油（六錢），醬油（二錢五分），水。

【調製法】

（一）把綠豆芽洗乾淨。

（二）放六錢豆油進鍋，等牠熬老，把鹽放進去，立刻又把綠豆芽放下去炒，用筷子調拌兩分鐘，加入醬油和 50 立方公分的水，再炒五分鐘，就成功了。

【注意】炒豆芽時火要大。

【附註一】豆芽的根如吃不慣，可摘去再炒。

【附註二】炒豆芽也可以多放些鹽，不放醬油。

炒豇豆

【原料】 豇豆（一斤），醬油（五錢），鹽（三錢），豆油（一兩），水。

【調製法】

（一）先把豇豆的兩頭摘掉，切成半寸長的小段，用水洗一遍。

（二）放豆油進鍋，等油熬老，把豇豆倒進鍋，用筷子調拌，放進鹽和150立方公分的水。然後蓋上鍋蓋，讓牠煮十五分鐘，再放進醬油煮五分鐘，就成了一碗非常好吃的素菜。

【注意】 火要大。

燒豆腐

【原料】 豆腐（二塊共長三寸闊二寸高二寸），豆油（一兩），鹽（一錢），醬油（五錢），葱（隨意），水。

【調製法】

（一）把豆腐切成兩半，再切成小片，洗一遍。

(二)放豆油進鍋，等牠熬老，把切好的豆腐倒進去，用鍋鏟翻面，立時加入一錢鹽，五錢醬油，再加入250立方公分的水，讓牠煑三十分鐘，加入少許葱碎，就熟了。

【注意】火要大。

【附註】如果有肉湯的話，少加些醬油和鹽，味道更好。

燒毛豆

【原料】毛豆（一斤），醬油（五錢），鹽（一錢五分），豬油（三錢），水。

【調製法】

(一)先把毛豆的殼剝掉，再洗一遍。

(二)放600立方公分的水進鍋，再放進毛豆，讓牠煑十五分鐘，加進鹽、醬油和豬油，再煑十分鐘，就成功了，

【注意一】火不要太大。

第九章　各種湯的調製法

青菜豆腐湯

【原料】青菜（半斤），豆腐（兩塊每塊長一寸半闊二寸厚二寸），醬油（五錢），鹽（二錢），豬油（一兩），水。

【調製法】

（一）先把青菜洗一遍切成半寸長的小段，再洗一遍。

（二）把豆腐切成半寸立方的小塊，洗一遍。

（三）放500立方公分的水進鍋，同時加入醬油、鹽和豬油。等牠沸時，把青菜和豆腐放進去，大約煮十五分鐘，就熟了。

【注意一】豆腐要買嫩的。

【注意二】調製的時候火要大並且不要蓋鍋蓋，可以使青菜不變黃。

鷄蛋湯

【原料】鷄蛋（二個），鹽（二錢），醬油（二錢五分），豬油（三錢），水。

【調製法】

（一）拿兩個鷄蛋，把蛋殼打碎，使蛋白和蛋黃留在碗裏用筷子調拌，把蛋黃蛋白調得很均，再調入五分鹽。

（二）放400立方公分的水進鍋，等水沸，把調好的鷄蛋一羹匙一羹匙的放下去。為什麼要這樣做呢？因為完全倒下去，蛋要黏鍋，一會兒就會焦的，照這樣放下去可以不焦。大約在完全放下鍋後兩分鐘，用筷子輕輕的把蛋調一調，可是要留心不要把蛋弄碎了。然後加入二錢五分醬油，一錢五分鹽和三錢豬油，再等三分鐘，就熟了。

【注意】火要不大不小。

洋山芋湯

【原料】洋山芋（一斤），鹽（三錢），豬油（六錢），水。

【調製法】

(一)先把整個的洋山芋洗一遍，把泥洗掉，用刀把皮切去，把山芋切成一塊塊的，再洗一遍。

(二)放洋山芋進鍋，再放進600立方公分的水和鹽。等到沸的時候，放進豬油，再煮二十分鐘就成功了。

【注意】洋山芋塊不能太薄，總得有三分厚。

【附註】洋山芋湯裏如果能放些味精，滋味會非常鮮美。

豆瓣醃菜湯

【原料】蠶豆（半斤），醃菜（四兩），醬油（五錢），鹽（一錢），豬油（八錢），水。

【調製法】

(一)先把蠶豆用溫水泡着，大約泡一天，再把蠶豆殼剝去，把豆瓣洗一遍。

(二)把醃菜洗一遍，切成一丁丁的。

(三)放500立方公分的水進鍋，同時把豆瓣、鹽和醬油放進，大約在沸後十分鐘，豆瓣已經熟了。加入醃菜和豬油，再煮五分鐘，就成了。

絲瓜湯

【原料】絲瓜（一斤），豬肉（半斤），醬油（一兩），鹽（一錢五分），豬油（三錢），藕粉（一錢），水。

【調製法】

(一)先把豬肉洗一遍，切成絲，再洗一遍，撈出放在一碗裏。加入一兩醬油和一錢藕粉，調拌均勻。

(二)用鉋子把絲瓜皮鉋去，洗一遍，用刀切成一絲絲的。

(三)放300立方公分的水進鍋，等牠沸時，把切好的絲瓜放進去，同時又加入一錢五分鹽，等到再沸，用羹匙把絲瓜沫除去，再煮到將要熟的時候，把調拌好的肉絲倒進去，同時把三錢熟豬油加入，再煮五分鐘，就熟了。

【注意一】　絲瓜沫必定要除去。

【注意二】　火要大。

【附註】　如果不用絲瓜，放進切成絲的榨菜，就成了肉絲榨菜湯。

青菜火腿湯

【原料】　青菜秧（半斤），（見附註），火腿（一塊約三兩），醬油（四錢），鹽（一錢五分），豬油（三錢），水。

【調製法】

(一)先把青菜秧洗一遍，切成一寸長的小段，再洗一遍。

(二)放200立方公分的水入鍋，等沸時，把切好的青菜放進去，等再沸，把青菜撈出。

(三)用刀把火腿上的油汚刮掉，用冷水洗一遍，放在500立方公分的水裏煮一小時半。取出火腿，用刀切成一片片的。煮火腿的湯不可倒掉，因爲牠味道鮮美可以用來製各種的湯，用牠做冬瓜湯是非常好的。

(四)放800立方公分的水進鍋，等牠沸時，把四錢醬油，一錢五分鹽和三錢豬油放進去，然後再把火腿片和青菜加入，大約煮五分鐘，就成功了。

【注意】煮火腿時火不要過大。最後燒湯時火要大。

【附註】青菜秧就是小青菜。

冬瓜火腿湯

【原料】冬瓜(二斤)，火腿(六兩)，鹽(三錢)，水。

【調製法】

（一）把火腿上的垢用刀刮去，然後放到清水裏，用刀把火腿上的毛刮去，洗一洗取出。

（二）放1000立方公分的水進鍋，再把火腿放進去，大約煮一小時，把火腿撈出，剩下的是火腿湯。就

（三）用刀把冬瓜的綠皮切去，把內部的瓜子和瓜瓤挖掉，洗一遍，切成三四分厚，一兩寸長的小塊。再洗一遍，撈出來放在火腿湯裏煨。大約煮十分鐘，加入三錢鹽，再煮半小時就成功了。

【注意】　火不要大。

【附註一】　冬瓜火腿湯在夏天吃很合宜。

【附註二】　撈出來的火腿可以切成片吃。

中華民國二十五年一月初版
中華民國二十七年五月三版

(67704·1)

家庭叢書 陶母烹飪法 一冊

每冊實價國幣叁角
外埠酌加運費匯費

編著者 陶小桃
發行人 王雲五 長沙南正路
印刷所 商務印書館 長沙南正路
發行所 商務印書館 各埠

(本書校對者李家超)

◆F一三四三 鎮

書名：陶母烹飪法
系列：心一堂・飲食文化經典文庫
原著：【民國】陶小桃
主編・責任編輯：陳劍聰

出版：心一堂有限公司
通訊地址：香港九龍旺角彌敦道六一〇號荷李活商業中心十八樓〇五一〇六室
深港讀者服務中心：中國深圳市羅湖區立新路六號羅湖商業大厦負一層〇〇八室
電話號碼：(852) 67150840
網址：publish.sunyata.cc
淘宝店地址：https://shop210782774.taobao.com
微店地址：https://weidian.com/s/1212826297
臉書：https://www.facebook.com/sunyatabook
讀者論壇：http://bbs.sunyata.cc

香港發行：香港聯合書刊物流有限公司
地址：香港新界大埔汀麗路36號中華商務印刷大廈3樓
電話號碼：(852) 2150-2100
傳真號碼：(852) 2407-3062
電郵：info@suplogistics.com.hk

台灣發行：秀威資訊科技股份有限公司
地址：台灣台北市內湖區瑞光路七十六巷六十五號一樓
電話號碼：+886-2-2796-3638
傳真號碼：+886-2-2796-1377
網絡書店：www.bodbooks.com.tw
心一堂台灣國家書店讀者服務中心：
地址：台灣台北市中山區松江路二〇九號1樓
電話號碼：+886-2-2518-0207
傳真號碼：+886-2-2518-0778
網址：http://www.govbooks.com.tw

中國大陸發行　零售：深圳心一堂文化傳播有限公司
深圳地址：深圳市羅湖區立新路六號羅湖商業大厦負一層008室
電話號碼：(86)0755-82224934

版次：二零一七年九月初版，平裝

心一堂微店二維碼　心一堂淘寶店二維碼

定價：港幣　一百二十八元正
新台幣　四百九十八元正

國際書號 ISBN 978-988-8317-71-4